U0262626

第二次青藏高原综合科学考察研究丛书

雅鲁藏布江大拐弯
冰崩堵江事件科学评估报告

姚檀栋 安宝晟 等 著

科学出版社
北京

内 容 简 介

本书系“第二次青藏高原综合科学考察研究”之雅鲁藏布江大拐弯冰崩堵江区科学考察的总结性评估报告，系统评估雅鲁藏布江大拐弯冰崩堵江事件。全书共5章，包括冰崩堵江事件的发生时间、特征、过程和原因;冰崩灾害发生的自然和历史背景;灾区气候变暖、土地资源、地质活动、生态环境、道路交通、居民收入等风险分析；村庄建设限制因素及拟迁村庄搬迁条件评估；冰崩堵江监测预警示范工程建设。本书融合了地理环境多要素的地空观测资料，为理解冰崩堵江灾害链事件的发生、过程、影响及应对等提供了全方位的科学解释和评估，为青藏高原冰崩灾害监测预警提供了示范。

本书可供冰川、水文、地质、气候、气象等专业的相关人员参考使用，并可为政府开展冰崩灾害评估和灾后重建提供科学支撑。

审图号：GS（2021）8601号

图书在版编目（CIP）数据

雅鲁藏布江大拐弯冰崩堵江事件科学评估报告 / 姚檀栋等著. —北京：科学出版社，2022.6
（第二次青藏高原综合科学考察研究丛书）
国家出版基金项目
ISBN 978-7-03-072376-5

Ⅰ. ①雅…　Ⅱ. ①姚…　Ⅲ. ①雅鲁藏布江–凌汛–评估–研究报告
Ⅳ. ①P332.8 ②TV882.875

中国版本图书馆CIP数据核字（2022）第090269号

责任编辑：杨帅英　程雷星 / 责任校对：何艳萍
责任印制：肖　兴 / 封面设计：吴霞暖

科学出版社 出版
北京东黄城根北街16号
邮政编码：100717
http://www.sciencep.com
北京汇瑞嘉合文化发展有限公司 印刷
科学出版社发行　各地新华书店经销
*
2022年6月第　一　版　开本：787×1092　1/16
2022年6月第一次印刷　印张：11 1/2
字数：275 000

定价：150.00元

（如有印装质量问题，我社负责调换）

刘丛强　中国科学院地球化学研究所
龚健雅　武汉大学
焦念志　厦门大学
赖远明　中国科学院西北生态环境资源研究院
胡春宏　中国水利水电科学研究院
郭正堂　中国科学院地质与地球物理研究所
王会军　南京信息工程大学
周成虎　中国科学院地理科学与资源研究所
吴立新　中国海洋大学
夏　军　武汉大学
陈大可　自然资源部第二海洋研究所
张人禾　复旦大学
杨经绥　南京大学
邵明安　中国科学院地理科学与资源研究所
侯增谦　国家自然科学基金委员会
吴丰昌　中国环境科学研究院
孙和平　中国科学院精密测量科学与技术创新研究院
于贵瑞　中国科学院地理科学与资源研究所
王　赤　中国科学院国家空间科学中心
肖文交　中国科学院新疆生态与地理研究所
朱永官　中国科学院城市环境研究所

“第二次青藏高原综合科学考察研究丛书”

编辑委员会

《雅鲁藏布江大拐弯冰崩堵江事件科学评估报告》编写委员会

主　任　姚檀栋

副主任　安宝晟

委　员（按姓氏汉语拼音排序）

安晨歌　白　玲　陈华勇　陈莹莹

傅旭东　高　杨　郭燕红　李　新

李久乐　刘景时　刘瑞顺　祁生文

曲建升　王　磊　王传飞　王传胜

王伟财　王忠彦　邬光剑　谢　洪

杨　威　曾　辰　张　凡　赵艳楠

赵志军　周　璟　朱海峰

丛书序一

青藏高原是地球上最年轻、海拔最高、面积最大的高原，西起帕米尔高原和兴都库什，东到横断山脉，北起昆仑山和祁连山，南至喜马拉雅山区，高原面海拔4500米上下，是地球上最独特的地质–地理单元，是开展地球演化、圈层相互作用及人地关系研究的天然实验室。

鉴于青藏高原区位的特殊性和重要性，新中国成立以来，在我国重大科技规划中，青藏高原持续被列为重点关注区域。《1956—1967年科学技术发展远景规划》《1963—1972年科学技术发展规划》《1978—1985年全国科学技术发展规划纲要》等规划中都列入针对青藏高原的相关任务。1971年，周恩来总理主持召开全国科学技术工作会议，制订了基础研究八年科技发展规划（1972—1980年），青藏高原科学考察是五个核心内容之一，从而拉开了第一次大规模青藏高原综合科学考察研究的序幕。经过近20年的不懈努力，第一次青藏综合科考全面完成了250多万平方千米的考察，产出了近100部专著和论文集，成果荣获了1987年国家自然科学奖一等奖，在推动区域经济建设和社会发展、巩固国防边防和国家西部大开发战略的实施中发挥了不可替代的作用。

自第一次青藏综合科考开展以来的近50年，青藏高原自然与社会环境发生了重大变化，气候变暖幅度是同期全球平均值的两倍，青藏高原生态环境和水循环格局发生了显著变化，如冰川退缩、冻土退化、冰湖溃决、冰崩、草地退化、泥石流频发，严重影响了人类生存环境和经济社会的发展。青藏高原还是“一带一路”环境变化的核心驱动区，将对“一带一路”沿线20多个国家和30多亿人口的生存与发展带来影响。

2017年8月19日，第二次青藏高原综合科学考察研究启动，习近平总书记发来贺信，指出“青藏高原是世界屋脊、亚洲水塔，是地球第三极，是我国重要的生态安全屏障、战略资源储备基地，是中华民族特色文化的重要保护地”，要求第二次青藏高原综合科学考察研究要“聚焦水、生态、人类活动，着力解决青藏高原资源环境承载力、灾害风险、绿色发展途径等方面的问题，为守护好世界上最后一方净土、建设美丽的青藏高原作出新贡献，让青藏高原各族群众生活更加幸福安康”。习近平总书记的贺信传达了党中央对青藏高原可持续发展和建设国家生态保护屏障的战略方针。

第二次青藏综合科考将围绕青藏高原地球系统变化及其影响这一关键科学问题，开展西风–季风协同作用及其影响、亚洲水塔动态变化与影响、生态系统与生态安全、生态安全屏障功能与优化体系、生物多样性保护与可持续利用、人类活动与生存环境安全、高原生长与演化、资源能源现状与远景评估、地质环境与灾害、区域绿色发展途径等10大科学问题的研究，以服务国家战略需求和区域可持续发展。

“第二次青藏高原综合科学考察研究丛书”将系统展示科考成果，从多角度综合反映过去50年来青藏高原环境变化的过程、机制及其对人类社会的影响。相信第二次青藏综合科考将继续发扬老一辈科学家艰苦奋斗、团结奋进、勇攀高峰的精神，不忘初心，砥砺前行，为守护好世界上最后一方净土、建设美丽的青藏高原作出新的更大贡献！

孙鸿烈
第一次青藏科考队队长

丛书序二

青藏高原及其周边山地作为地球第三极矗立在北半球，同南极和北极一样既是全球变化的发动机，又是全球变化的放大器。2000年前人们就认识到青藏高原北缘昆仑山的重要性，公元18世纪人们就发现珠穆朗玛峰的存在，19世纪以来，人们对青藏高原的科考水平不断从一个高度推向另一个高度。随着人类远足能力的不断加强，逐梦三极的科考日益频繁。虽然青藏高原科考长期以来一直在通过不同的方式在不同的地区进行着，但对于整个青藏高原的综合科考迄今只有两次。第一次是20世纪70年代开始的第一次青藏科考。这次科考在地学与生物学等科学领域取得了一系列重大成果，奠定了青藏高原科学研究的基础，为推动社会发展、国防安全和西部大开发提供了重要科学依据。第二次是刚刚开始的第二次青藏科考。第二次青藏科考最初是从区域发展和国家需求层面提出来的，后来成为科学家的共同行动。中国科学院的A类先导专项率先支持启动了第二次青藏科考。刚刚启动的国家专项支持，使得第二次青藏科考有了广度和深度的提升。

习近平总书记高度关怀第二次青藏科考，在2017年8月19日第二次青藏科考启动之际，专门给科考队发来贺信，作出重要指示，以高屋建瓴的战略胸怀和俯瞰全球的国际视野，深刻阐述了青藏高原环境变化研究的重要性，希望第二次青藏科考队聚焦水、生态、人类活动，揭示青藏高原环境变化机理，为生态屏障优化和亚洲水塔安全、美丽青藏高原建设作出贡献。殷切期望广大科考人员发扬老一辈科学家艰苦奋斗、团结奋进、勇攀高峰的精神，为守护好世界上最后一方净土顽强拼搏。这充分体现了习近平总书记的生态文明建设理念和绿色发展思想，是第二次青藏科考的基本遵循。

第二次青藏科考的目标是阐明过去环境变化规律，预估未来变化与影响，服务区域经济社会高质量发展，引领国际青藏高原研究，促进全球生态环境保护。为此，第二次青藏科考组织了10大任务和 60 多个专题，在亚洲水塔区、喜马拉雅区、横断山高山峡谷区、祁连山–阿尔金区、天山–帕米尔区等 5 大综合考察研究区的 19 个关键区，开展综合科学考察研究，强化野外观测研究体系布局、科考数据集成、新技术融合和灾害预警体系建设，产出科学考察研究报告、国际科学前沿文章、服务国家需求评估和咨询报告、科学传播产品四大体系的科考成果。

两次青藏综合科考有其相同的地方。表现在两次科考都具有学科齐全的特点，两次科考都有全国不同部门科学家广泛参与，两次科考都是国家专项支持。两次青藏综合科考也有其不同的地方。第一，两次科考的目标不一样：第一次科考是以科学发现为目标；第二次科考是以摸清变化和影响为目标。第二，两次科考的基础不一样：第一次青藏科考时青藏高原交通整体落后、技术手段普遍缺乏；第二次青藏科考时青藏高原交通四通八达，新技术、新手段、新方法日新月异。第三，两次科考的理念不一样：第一次科考的理念是不同学科考察研究的平行推进；第二次科考的理念是实现多学科交叉与融合和地球系统多圈层作用考察研究新突破。

“第二次青藏高原综合科学考察研究丛书”是第二次青藏科考成果四大产出体系的重要组成部分，是系统阐述青藏高原环境变化过程与机理、评估环境变化影响、提出科学应对方案的综合文库。希望丛书的出版能全方位展示青藏高原科学考察研究的新成果和地球系统科学研究的新进展，能为推动青藏高原环境保护和可持续发展、推进国家生态文明建设、促进全球生态环境保护做出应有的贡献。

姚檀栋

第二次青藏科考队队长

前　言

2018年10月16日，雅鲁藏布江（简称雅江）米林县派镇加拉村下游7 km处发生冰崩。10月17日凌晨，冰崩及其挟带的冰碛物导致雅江断流、水位上涨，形成冰崩堰塞湖（图1）。10月29日，该地再次发生冰崩堵江事件。冰崩堰塞湖及溃决洪水对雅江上下游派镇、墨脱县沿岸居民及交通线路构成巨大威胁，且存在继续堵江的风险。

图1　雅江干流冰崩堰塞坝体和溃口

根据西藏自治区关于希望第二次青藏高原综合科学考察研究队（简称第二次青藏科考队）能够科学评估灾害点加拉村搬迁问题，为灾害防治提供科学应对方案的意见，第二次青藏科考队队长、中国科学院院士姚檀栋领衔成立的由中国科学院青藏高原研究所、中国科学院地理科学与资源研究所、中国科学院地质与地球物理研究所、中国科学院·水利部成都山地灾害与环境研究所、中国科学院遥感与数字地球研究所、兰州大学、清华大学、成都理工大学、南京师范大学等10多个单位40余人组成的雅江堵江应急科学考察队（简称应急科考队），先后10余次赴冰崩堵江灾害现场开展科学考察，利用地震仪器、气象观测，并结合卫星遥感、水文模型、灾害评估模型等科学观测技术和评估方法，对此次灾害事件的过程和原因、自然环境和历史背景、未来风险进行了综合评估。应急科考队还同西藏自治区、西藏军区和中华人民共和国应急管理部等有关部门领导，共同进行了现场实地考察和专题讨论。与此同时，应急科考队也同林芝市党政负责人深入冰崩灾区居民家中，获取了过去冰崩致灾历史和当前冰崩灾害影响的第一手资料。

中国科学院姚檀栋院士领衔的应急科考队，通过现场实地调查，结合堵江点附近的地震波监测数据分析，初步判断这次堵江事件主要由冰崩产生碎屑流引起。演化过程表现为：冰川上部较高位置发生冰崩（即冰川滑坡或崩塌），快速运动的冰崩体强烈铲刮、侵蚀冰川下游的冰碛物，以及沿沟堆积的残积物，直接进入雅江堆积形成堵江坝和堰塞湖。

本书基于野外实地考察和室内分析研究，开展了冰崩堵江灾害的综合科学评估，形成了科学评估报告，并提出了应对方案建议。

本书编写委员会
2020 年 10 月

摘　　要

在青藏高原变暖变湿的大背景下，冰川消融加剧，冰川灾害的威胁日益增加，冰崩也成为青藏高原一种新发现的冰川灾害过程。冰崩的发生常常威胁下游居民的生命财产与重大基础设施的安全。雅江大拐弯位于青藏高原东南缘，印度季风由此进入青藏高原，其是重要的水汽通道，该区地质构造、地形地貌与气候条件特殊，冰崩的威胁也日益显现。

2018 年 10 月 16 日和 29 日，雅江米林县派镇加拉村下游 7000 m 处加拉白垒峰色东普沟发生两次冰崩事件。冰崩堰塞湖回水摧毁了横跨雅江的达林村大桥，淹没了通往加拉村的公路，对上下游派镇、墨脱县沿岸居民及交通线路造成巨大灾害与潜在的威胁，加拉村及附近 6000 多名居民被迫搬离。10 月 16 日冰崩堵塞雅江，形成冰崩堰塞湖，水位上升近 60 m。10 月 19 日开始泄洪时，洪峰最大流量为 2.34 万 m^3/s，造成雅江下游的亚让水电站机组进水，进而导致断电。10 月 29 日形成的冰崩堰塞湖于 10 月 31 日自然漫溢，洪峰最大流量为 1.25 万 m^3/s。

冰崩灾害发生之后，第二次青藏科考队队长、中国科学院院士姚檀栋领衔成立了由中国科学院青藏高原研究所等 10 多个单位 40 余人组成的雅江堵江应急科考队，先后 10 余次赴冰崩堵江灾害现场开展科学考察，研究了灾害发生的自然和历史背景，分析了堵江的原因，研判了未来冰崩灾害风险，评估了拟迁村庄搬迁条件，开展了雅江冰崩灾害监测与预警平台设计和第一期施工等大量工作。

通过开展冰崩灾害、水文过程、卫星解译、地震反演、灾害评估、监测分析等工作，发现此次雅江堵江事件是一个典型灾害链过程，表现为冰崩—堆积物滑坡—碎屑流—堵江—堰塞湖—溃决洪水灾害链，这是在特殊的地形地貌、地质结构、冰川退缩、气候环境和地震活动等综合作用下形成的。

科学考察还发现，此次冰崩堵江灾害不是区域性的单一事件，在青藏高原变暖变湿背景下，此类灾害还将持续甚至加强。2019

年 11 月 29 日色东普沟再次发生小规模冰崩，导致大量的冰雪物质从高处汇集到沟谷内，但因冰崩规模小，并没有造成堵江。

通过卫星遥感历史影像分析，发现色东普沟在 1984 年以前便发生过大规模堵江，2014 年至 2018 年 10 月 16 日冰崩堵江前，共发生 6 次冰崩引起的冰碛流，表明目前色东普沟正处于灾害活跃期，冰崩通常集中在季风结束后的 10~12 月。

为了加强对色东普冰崩的监测和预警，第二次青藏科考队已于 2019 年 11 月中旬完成了色东普沟冰崩灾害监测与预警一期工程建设。一期工程在色东普沟堵江点架设了 10 m 监测塔，利用全天候监控技术（透雾红外相机、普通相机、高清视频球机、气象站、水位计等相结合）对色东普沟堵江点进行不同角度的定时监测，同时开展了气象 – 水位实时监测，监测数据通过卫星和移动信号传输到青藏科考办公室数据共享平台，初步实现了数据的图形显示与预警功能：冰崩发生后若有堵江危险，即发出预警。二期工程拟进一步完善监测内容（如架设长距离多普勒雷达监测沟谷内冰川及物质变形运移等），利用无线网桥中继技术实现海量数据实时传输，从而达到实时监测沟谷及堵江点变化的目的，与此同时，进一步完善冰崩灾害链自动化预警平台，确保全方位实时监测及预警冰崩。

鉴于雅江流域灾害链的高风险性，本书提出以下建议：第一，和西藏自治区一起建立雅江大拐弯冰崩灾害链长期自动化监测预警系统和防灾安全屏障示范工程。第二，建立党政军科融合联动机制，开展冰崩灾害链区域联合调控防范。第三，以边疆稳定、民族共同富裕为基本目标，增强冰崩灾区居民的防灾减灾意识，实现冰崩潜在风险区的有序生态搬迁。

目　录

第 1 章　雅鲁藏布江大拐弯冰崩堵江事件基本情况 …… 1
1.1　冰崩堵江事件发生时间 …… 2
1.2　冰崩堵江事件特征 …… 4
1.2.1　堵江冰崩体 …… 4
1.2.2　冰崩堵江堆积体 …… 7
1.2.3　冰崩堰塞湖 …… 8
1.2.4　溃决洪水 …… 8
1.2.5　河道变化 …… 16
1.2.6　泥沙输送与堆积 …… 20
1.3　灾害发生过程和原因 …… 23
1.3.1　冰崩堰塞体的物质来源 …… 23
1.3.2　冰川变化特征 …… 25
1.3.3　冰崩前的天气 …… 27
第 2 章　冰崩灾害发生的自然和历史背景 …… 31
2.1　自然环境状况 …… 32
2.1.1　地质 …… 32
2.1.2　地貌与水文 …… 35
2.1.3　气候 …… 36
2.1.4　冰川 …… 37
2.2　色东普沟冰崩堵江灾害历史 …… 42
2.2.1　色东普沟基本环境概况 …… 42
2.2.2　色东普沟堵江事件历史 …… 44
2.2.3　冰崩堰塞湖溃决洪水水位 …… 52
2.2.4　气候变化背景 …… 60
2.2.5　地震活动历史 …… 64
2.3　类似冰崩堰塞湖事件 …… 68
2.3.1　则隆弄冰川 1950 年冰崩堵江事件 …… 68
2.3.2　1988 年米堆冰川冰湖溃决事件 …… 69
第 3 章　灾区风险分析 …… 71
3.1　灾害风险因素分析 …… 72

3.1.1 气候变暖 …… 72
3.1.2 土地资源 …… 75
3.1.3 地质活动 …… 76
3.1.4 生态环境 …… 77
3.1.5 道路交通 …… 78
3.1.6 居民收入 …… 78
3.2 风险评估结论 …… 79
第 4 章 村庄建设限制因素及拟迁村庄搬迁条件评估 …… 81
4.1 村庄建设的限制因素分析 …… 82
4.1.1 灾区范围及灾损情况 …… 82
4.1.2 村庄建设的限制因素 …… 83
4.1.3 限制因素综合评价 …… 87
4.2 拟迁村庄搬迁条件评估 …… 89
4.2.1 拟迁村庄概述 …… 89
4.2.2 农户调查问卷分析 …… 91
4.2.3 搬迁条件评估 …… 95
4.3 结论和建议 …… 112
4.3.1 总体结论 …… 112
4.3.2 主要建议 …… 113
第 5 章 冰崩堵江防灾与监测预警 …… 115
5.1 冰崩研究与监测 …… 116
5.1.1 冰崩的研究内容 …… 116
5.1.2 冰崩的研究方法 …… 118
5.1.3 问题与展望 …… 119
5.2 雅江冰崩监测预警系统建设进展 …… 121
5.2.1 建设目标与具体方案 …… 122
5.2.2 监测预警体系阶段性进展 …… 126
5.3 预警平台与初步预警功能 …… 131
5.3.1 数据集成与图形化 …… 131
5.3.2 监测预警初步功能 …… 132
参考文献 …… 135
附录 …… 141
附录 1 主要考察队员名单 …… 142
附录 2 科考日志 …… 143
结语 …… 163

第1章

雅鲁藏布江大拐弯冰崩堵江事件基本情况

1.1 冰崩堵江事件发生时间

雅江大拐弯位于青藏高原东南缘，印度季风由此进入青藏高原，是青藏高原重要水汽通道，也是冰崩、泥石流、地震等自然灾害事件的多发区。2018 年 10 月 16 日，雅江大拐弯左岸所在的林芝市米林县派镇加拉村发生了冰崩，大量早期堆积的碎屑物沿陡坡向下倾泻，冲出沟口，堵塞雅江，形成堰塞湖。

第二次青藏科考队在雅江大拐弯沿岸设有实时传输的地震台站（白玲等，2017），自 2015 年起连续记录高精度的震动信号，为此次冰崩事件发生时间和滑动过程等研究提供了重要的资料。图 1.1 显示的直白村地震台站位于堵江沟口（29°44′54.29″N，94°56′17.71″E）以南约 10km［图 1.1(a)］，图 1.1(b) 和 (c) 是所记录的地震和冰崩波形。我们通常感觉到的普通地震，是断层面在地球内部发生突发性的快速滑动，仪器所记录到的地震波形为脉冲信号，断层面发生压缩和扭曲变形时分别产生 P 波和 S 波，其传播速度快、持续时间短［图 1.1(b)］。相比而言，地球表面物质的滑动速度较慢，相当于地下断层扩展速度的 1/10，所以持续时间较长，波形呈现“纺锤”形［图 1.1(c)］，通过对比分析可以明显地将不同类型的信号进行区分。

从直白村地震台站记录的冰崩波形上看［图 1.1(c)］，能量在 2018 年 10 月 16 日 22 时 2890 ～ 3200 s 比较明显，表明冰崩发生的起始时刻为当晚 22 时 48 分。此后振幅随着时间逐渐增加，表明碎屑冰碛物的质量和滑动的加速度逐渐变大，约 200 s 以后开始在沟口堆积，波形振幅逐渐减小，整个事件的持续时间约为 300 s，是同等级别地震的 10 倍左右。

青藏高原地区冰崩事件频发。图 1.2 显示的是拉萨地震台站记录的 2018 年雅江冰崩和 2016 年 7 月 17 日阿汝冰崩事件（Kääb et al.，2018）的波形对比。两次事件发生地与拉萨台站（LSA）的距离分别约为 400 km 和 1000 km。尽管二者的距离差别较大，但

(a)地震台站　　(b)　　(c)

图 1.1　直白村地震台站 (a) 记录的地震 (b) 和冰崩 (c) 东西分量原始波形

波形时间长度为 500 s，地震和冰崩波形的持续时间分别为 30 s 和 300 s 左右

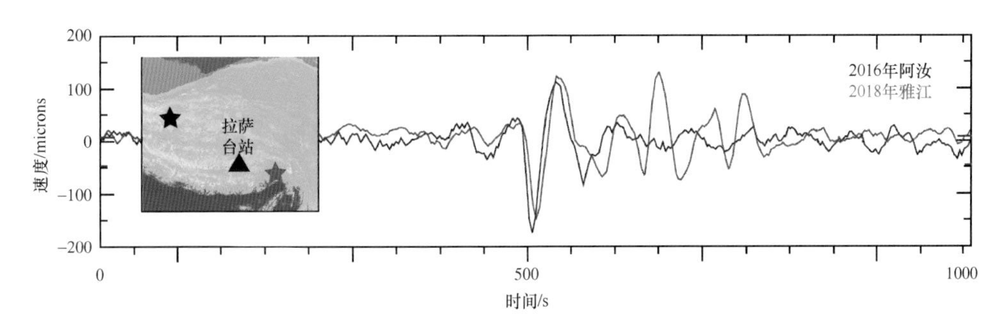

图 1.2　拉萨地震台站记录的 2018 年雅江冰崩（红色五角星）和 2016 年 7 月 17 日阿汝冰崩（黑色五角星）事件的南北分量波形对比

注：所用波形为南北分量传感器的记录，采用 0.01~0.03 Hz 对波形进行了长周期滤波；红色五角星和黑色五角星分别表示 2018 年雅江冰崩和 2016 年阿汝冰崩的灾害点位置

是在持续时间、滑动过程等方面具有很好的可比性。从时间上来看，2018 年雅江堵江事件持续时间较长，约为 300 s，是 2016 年阿汝冰崩事件的 2 倍左右，表明雅江冰崩后冰碛物发生了更长距离的慢速滑移。二者初始波形的极性基本一致，表明两次事件的滑动方向均指向地势较低的南坡。

同时间相比，地震波形的振幅进一步揭示了波动能量的变化。图 1.3 表示的是不同台站记录的原始波形。台站 1 和台站 2 均位于滑坡和堵江点南侧，随着距离的增加，高频信号发生了快速的衰减，所以距离较近的台站 2 记录的信号比台站 1 更清晰。与南侧的两个台站相比，北侧的台站 3 到堵江点的距离和台站 2 大体相当，但是所记录的信号要微弱得多，这种差异反映了滑动过程与传播介质的共同影响。台站 3 位于冰碛物滑动的相反方向，所激发的地震波能量较小。同时雅鲁藏布大峡谷北侧地势低洼，沉积物更加发育，加速了高频地震波能量的衰减。

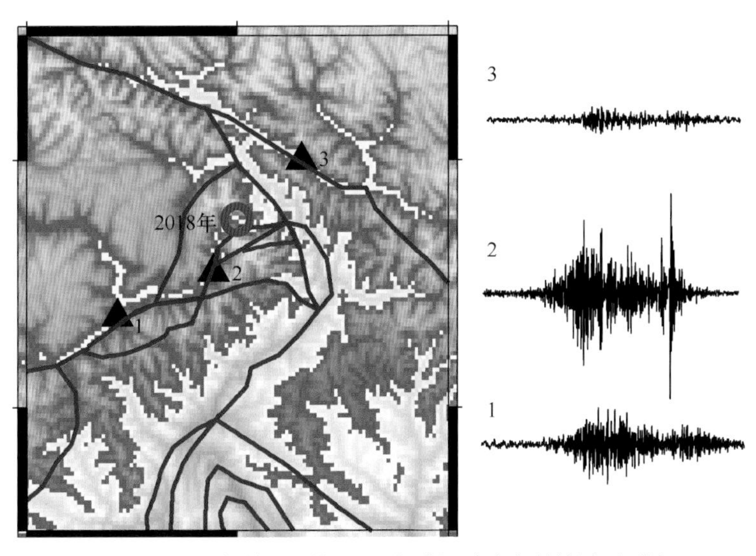

图 1.3　不同台站记录的 2018 年雅江冰崩事件的波形对比

背景表示地表地形起伏；灰线表示活动断层（Ding et al，2001）；红圈表示冰崩堵江点

冰崩通常发生在偏远地区，波形信号在原始地震记录上并不明显，但是经过滤波、去除仪器响应等处理之后，不同观测点的波形非常相似，是其他噪声不可能出现的信号。随着观测和数据处理技术的提高，地震波形在非常规地震研究领域的应用取得了重要进展，为冰崩发生机理研究提供了新的观测资料。

1.2 冰崩堵江事件特征

2018 年 10 月 16 日，西藏米林县雅江左岸色东普沟上游海拔约 6000 m 地段发生冰崩岩崩，冲击下部的崩坡积物滑坡解体形成碎屑流，沿途铲刮侧蚀沟道堆积，主沟道形成明显的底蚀拉槽，最终冲出沟口，堆积堵塞雅江河道形成堰塞坝，造成上游水位持续壅高形成堰塞湖，运动路径总长度约 10000 m。堰塞坝物质以碎石土为主，含少量冰雪，块石少，土石比约为 8∶2。10 月 19 日 12 时，堰塞坝前水位升高约 60 m，威胁上游部分村镇安全。19 日 13 时 30 分左右，堰塞湖右岸出现自然漫顶过流。20 日 12 时，雅江水位基本恢复至正常。

色东普沟流域冰川运动引发的冰崩—岩崩—堆积物滑坡—碎屑流—堵江—堰塞湖—溃决洪水灾害链，是在特殊的地形地貌、地质结构、冰川退缩、气候环境和地震活动等综合作用下形成的，今后相当长的时期内仍会保持高发频发态势。

1.2.1 堵江冰崩体

2018 年 10 月 20 日下午，姚檀栋院士带领应急科考队前往灾害现场进行实地考察，认为这次雅江堵江形成堰塞湖是由于源头冰川发生冰崩，冰崩体裹挟冰碛物一直推移至雅江，从而造成雅江阻断。10 月 21 日清晨，在西藏军区的协助下，姚檀栋院士带领应急科考队部分队员搭乘直升机在堰塞体上游的冰川区进行了勘察（图 1.4），在侵蚀槽中清晰可见明显的流水痕迹与残留冰体，并确认了诱发此次冰崩堵江的冰川，进一步证实了此次雅江堵塞形成堰塞湖的原因。现场考察发现沟口两侧及上游沟谷内残留大量的冰体，在沟谷口两侧的崖壁上，分布着大量黑色混杂冰体和岩屑的堆积物。在中午 12 时以后发生明显的消融现象，有些冰体悬挂于崖壁之上，不时有冰内碎石融出脱离。同时在两侧堆积物内，可以清楚看到较为纯净的冰块，说明当时冰崩导致冰体发生明显的破碎，冰块沿河谷推移到沟谷口沉积。距沟口 1400 m 处的沟谷内仍为冰体所覆盖，原通往沟内白塔的道路为两侧富含冰体的堆积物所覆盖，沟内流水现象在午后非常明显，根据无人机高空拍摄图像，沟内深暗色物质均为富含冰体的堆积物，在太阳辐射的作用下，午后发生明显的消融（图 1.5 ～图 1.7）。

堵江前后雷达数据和遥感影像表明，冰川在崩塌过程中解体并刮铲沟底与两侧冰碛物，破碎冰体挟裹冰碛物经高速远程运动后在雅江堆积，运动至沟底后撞击雅江右岸继而向下游运动形成堰塞坝体。雅江堵江事件为色东普沟冰崩碎屑流堵塞河道所致，为典型的冰崩堵溃链式灾害。

图 1.4　姚檀栋院士乘直升机考察冰崩现场

图 1.5　侵蚀槽明显的流水痕迹与残留冰体

图 1.6　侵蚀槽中依然残留的冰体（2018 年）

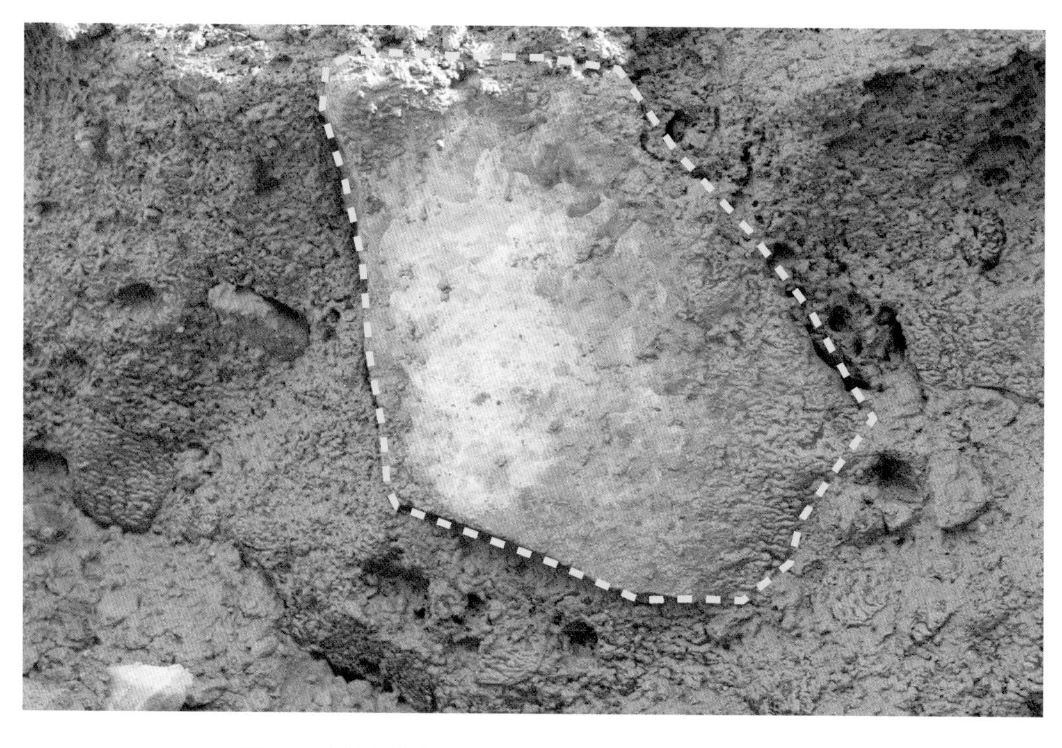

图 1.7　实地考察冰崩沟口的残留冰体证据（2019 年 1 月）

1.2.2　冰崩堵江堆积体

依据堵塞前后影像对堵塞位置物质面积进行了测算，2018 年 9 月 18 日 Planet 数据反映了冰崩堵江前的情形，堵江前该点主河道内已有淤积物质约 0.84 km^2，该处过水河面宽约 125 m[图 1.8(a)]。2018 年 10 月 16 日，色东普沟发生冰崩事件，堵江时间 3 天，坝体宽度 310 ～ 620 m，顺河长度约 2300 m，现场调查坝体 90 m 高，估算堰塞体体积 6600 万 m^3(童立强等，2018)。2018 年 10 月 27 日，Planet 影像反映了第一次冰崩堵江后的情形，此时堰塞体已经溃决，溃口为 20 ～ 30 m；从影像上残留的物质痕迹可推算出 10 月 16 日发生冰崩堵江事件后在雅江主河道上淤积的面积大约为 1.36 km^2 [图 1.8(c)]；2018 年 10 月 29 日凌晨，色东普沟再次发生冰崩，造成雅江河道堵塞并形成冰崩堰塞湖。通过三维遥感测量数据分析，堰塞体顺河长约 3500 m，宽 415 ～ 890 m，高 77 ～ 106 m，总方量约 3000 万 m^3[图 1.8(d)]。

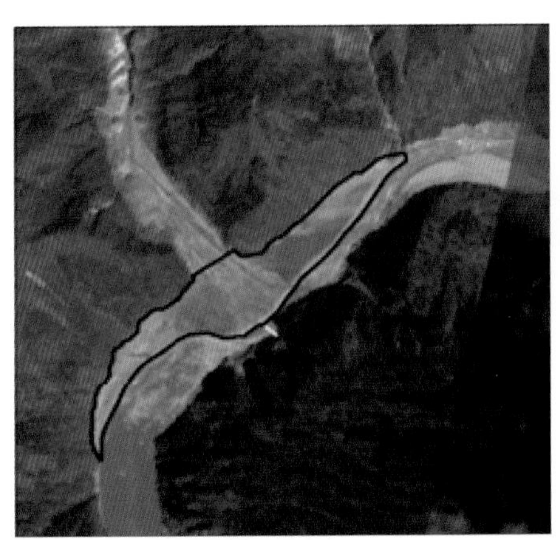

(a) 2018年9月18日堰塞湖和堰塞体影像

(b) 2018年10月16日堰塞湖和堰塞体影像

(c) 2018年10月27日堰塞湖和堰塞体影像

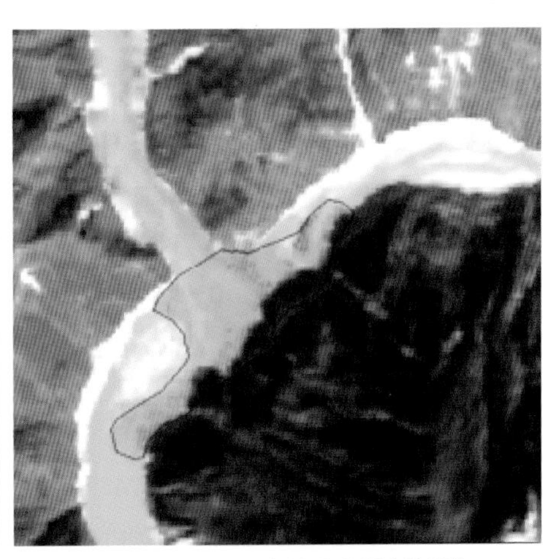

(d) 2018年10月29日堰塞湖和堰塞体影像

图 1.8　堰塞湖堵塞前后影像

1.2.3 冰崩堰塞湖

2018 年 10 月 16 日形成的冰崩堰塞湖回水摧毁了横跨雅江的大桥，淹没了通往加拉村的公路（图 1.9 和图 1.10），对上下游派镇、墨脱县沿岸居民及交通线路造成巨大灾害与潜在的威胁，加拉村及附近 6000 多名居民被迫搬离。10 月 19 日 13:30 冰崩堰塞湖开始泄洪，洪峰到达墨脱德兴站时间为当晚 23:40，洪峰最大流量 23400 m^3/s，水位上升近 18 m，水位最高 90 m，造成雅江下游的亚让水电站机组进水，进而导致断电。10 月 29 日形成的冰崩堰塞湖于 10 月 31 日 9:30 自然漫溢过流，推算 12:30 最大过堰塞体流量约 18000 m^3/s，洪峰到达墨脱德兴站时间为 18:30，洪峰最大流量 12500 m^3/s，最大洪峰流量远小于上一次，未对下游造成大的影响。

图 1.9 冰崩堵江淹没了通往加拉村的唯一公路和桥梁并冲毁了跨江大桥

1.2.4 溃决洪水

在对堰塞湖处置现场的数据收集、后方的堰塞湖水位 - 库容关系等估算的基础上，分别采用一维溃坝模型法、平衡比降法开展溃决洪水计算，2018 年 10 月 19 日晚得到了第一次冰崩堵江的洪峰流量、峰现时间、洪水总量、水位过程等溃决洪水特征值的计算结果。10 月 20 ～ 23 日，对溃决洪水洪痕开展了现场调查。10 月 20 日和 11 月 1 日雅江堵江应急科考队先后进行了两次航空考察。10 月 22 日雅江堵江应急科考队在墨

图 1.10　冰崩堵江灾后半年加拉村的跨江大桥实况（2019 年 4 月）

脱德兴大桥安装一套雷达水位计，对堵江点下游的雅江主河道断面进行水位的连续监测，获得了 10 月 29 日第二次堵江事件的水位变化过程。

1. 洪水流量过程

由模型计算得溃决洪水流量过程，如图 1.11 所示。泄流开始后 3.7 h 左右，洪水流量达到峰值，洪峰流量约为 26100 m^3/s。此后流量逐渐回落并于 18 ～ 20 h 趋于平稳。

水利部门实测结果表明，堰塞体下游德兴站于 2018 年 10 月 19 日 21:30 测得流量 2830 m^3/s，23:40 测得洪峰流量 23400 m^3/s，此后流量逐渐回落。考虑洪峰由堰塞坝至德兴站间的坦化作用及区间帕隆藏布入汇的影响，预测得到洪峰流量与实测值较为一致。实测流量达 2830 m^3/s 后，经 130 min 测得洪峰 23400 m^3/s；计算流量为 2830 m^3/s 后，经 110 min 到达洪峰。预测峰现时间与实测值较为接近。

2. 水位变化与冲刷深度

冰崩堰塞体溃决期间，坝前水位变化过程如图 1.12 所示。堰塞湖水位在溃口过水 1.5 h 内保持平稳，3 h 水位下降 5 m。此后水位较快下落，于 16 h 后趋于稳定。20 h 后，溃口计算水位较溃决前下降 42 m，模型计算得到溃口处冲刷下切 55 m 左右，如图 1.13 所示。

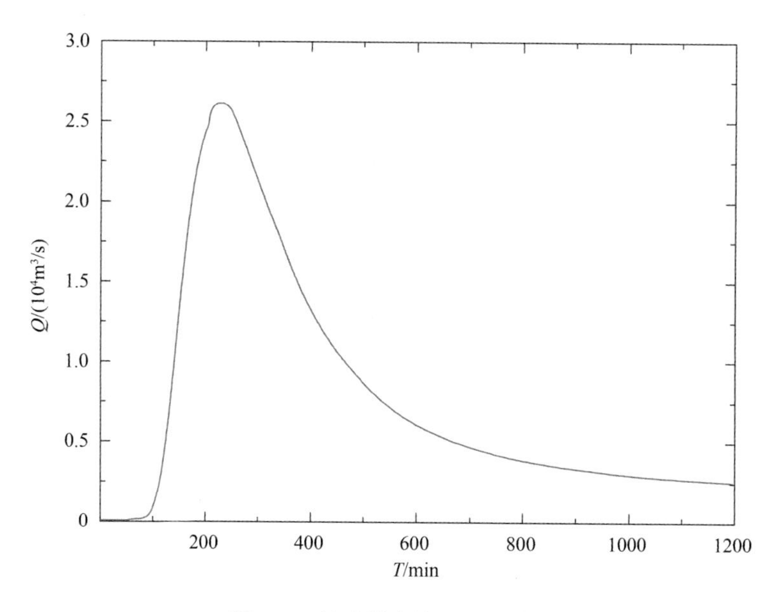

图 1.11　溃决洪水流量 (Q) 过程

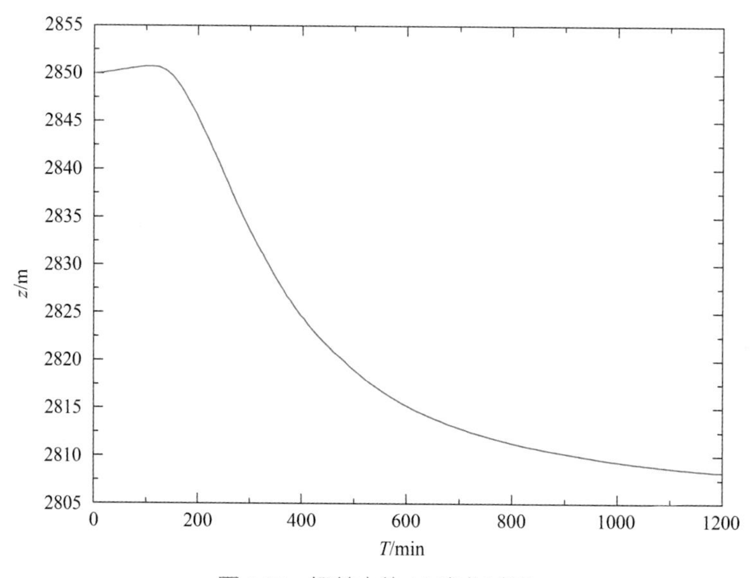

图 1.12　坝前水位 (z) 变化过程

3. 累计洪量

冰崩堰塞坝溃决过程中，计算得到的累计下泄洪量随时间的变化过程如图 1.14 所示。20 h 内，累计下泄洪量达 5.62×10^8 m^3。2018 年 10 月 19 日 21:30 至 10 月 20 日 7 时，德兴断面过水总量 5.5×10^8 m^3，扣除区间来量 0.4×10^8 m^3，堰塞湖下泄水量已有 5.1×10^8 m^3 通过德兴断面。计算结果与实测值较为一致。

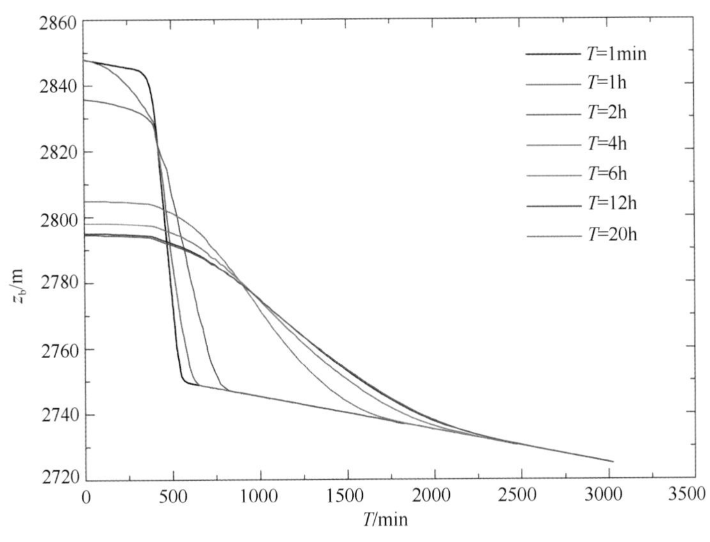

图 1.13　堰塞坝及下游河道高程 (z_b) 变化过程

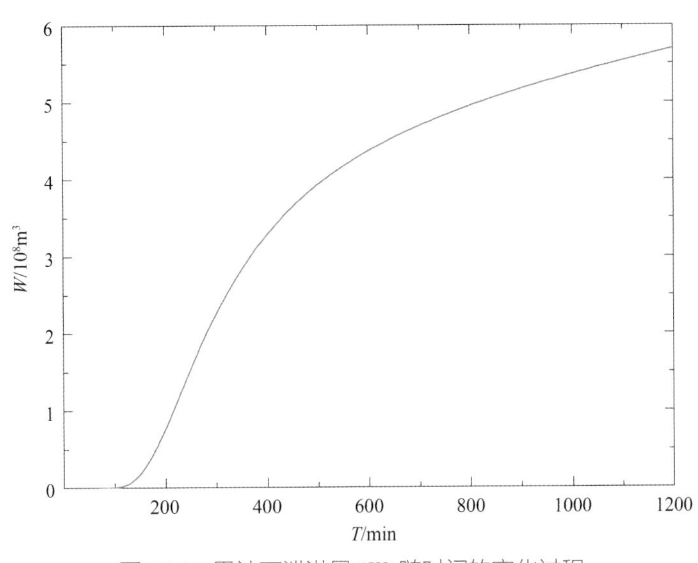

图 1.14　累计下泄洪量 (W) 随时间的变化过程

4. 2018 年 10 月 29 日堵江事件墨脱德兴大桥断面水位变化过程

2018 年 10 月 29 日凌晨，色东普沟再次发生冰崩，造成第二次堵江事件。雅江堵江应急科考队于 10 月 22 日架设在墨脱德兴大桥的雷达水位计完整地记录了此次堵江事件引起的水位变化过程。根据墨脱德兴大桥水位监测记录（图 1.15），10 月 29 日 16:00 水位开始下降，17:00 水位已下降 0.5 m。10 月 30 日 14:00 水位达到最低，约下降 2.9 m。10 月 31 日 17:00 ～ 18:00 堰塞体溃决洪峰到达墨脱德兴大桥断面，水位暴涨 11.22 m。10 月 31 日 20:00 至 11 月 1 日 11:00 德兴大桥断面水位迅速下降，直至恢复正常水位。

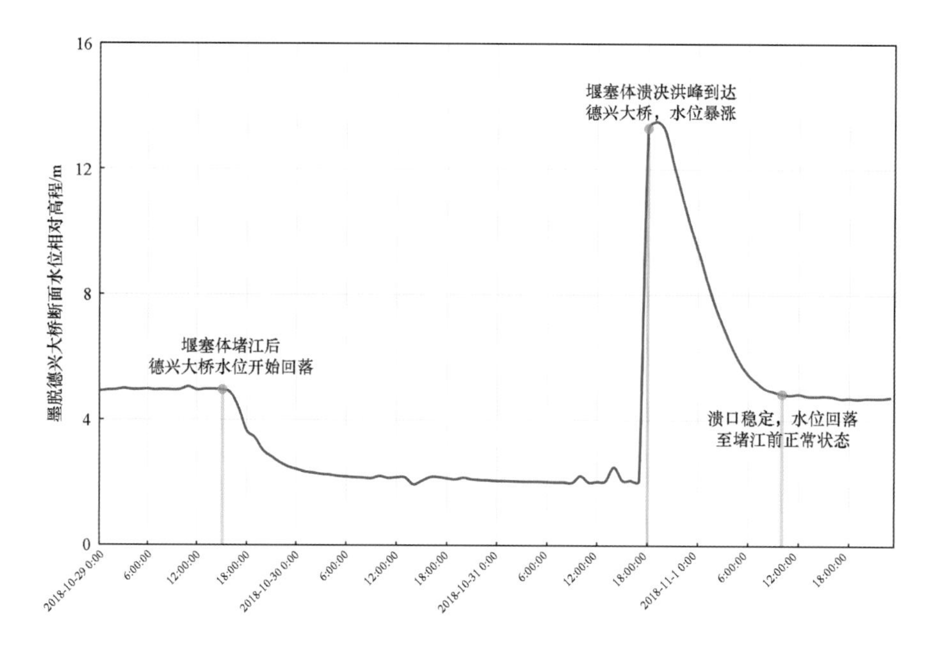

图 1.15　墨脱德兴大桥断面记录的第二次堵江事件水位变化

5. 灾后洪痕现场考察

(1) 达林村公路水位监测如图 1.16 所示。

手持 GPS：29°37′32.53″N，94°53′52.20″E。

海拔：2828.10 m。

时间：2018 年 10 月 19 日，15:06。现场初步测量 1 h 27 min 水位下降 3.1 m。

(2) 直白村公路与台地洪痕如图 1.17 所示。

时间：2018 年 10 月 20 日，17:00 ～ 18:00。公路及阶地上遗留大量树枝、淤泥等堰塞湖溃决洪水痕迹。

图 1.16　达林村公路水位监测

图 1.17　直白村公路与台地洪痕

堰塞湖湖水下泄后，在下游墨脱段考察了三个溃决洪水断面：林多断面、德兴断面和地东断面（图 1.18）。

图 1.18　三个溃决洪水断面

(3) 背崩乡地东村洪痕如图 1.19 所示。

手持 GPS：29°12′15.98″N，95°05′17.56″E。

海拔：612.20 m。

时间：2018 年 10 月 22 日，13:00 ～ 14:00。

最高洪水水位断面宽度 251 m，距水面高度 13 m。主槽宽度 158 m。右岸有滩地，左岸无滩地。

(4) 德兴村附近洪痕如图 1.20 所示。

手持 GPS：29°19′48.68″N，95°18′51.19″E。

海拔：690.50 m。

图 1.19　背崩乡地东村洪痕

图 1.20　德兴村附近洪痕

时间：2018 年 10 月 22 日，17:00 ～ 18:00。

德兴村附近河面平均比降 6‰。堵江发生后水位从 73 m 下降到 70 m，9:11 左右水位开始上涨，9:30 水位上涨约 3 m，10:00 水位又上涨 10 m，10:00 ～ 10:30 又涨 3 m，水位最高达 89 m。9:30 ～ 10:30，1 h 水位上涨 15 ～ 16 m。11:00 ～ 11:30 洪水达到最高峰，峰值为 25000 ～ 26000 m^3/s。23:30 水位开始下降，并稳定一段时间。平时汛期最大流量 18000 m^3/s 左右。河面比降约 0.5% 或 0.4%，平均比降 6.3‰。河水平时流速 6 m/s，汛期 10 m/s。

(5) 林多村洪痕如图 1.21 所示。

手持 GPS：29°27′33.55″N，95°26′12.48″E。

海拔：760.20 m。

时间：2018 年 10 月 23 日，10:00 ~ 10:30。

据现场测量，林多村右岸洪痕距水面高度为 19.2 m。

(6) 水质泥沙。

2018 年 10 月 20 ~ 24 日第一次堵江事件发生后，在冰崩堵江点上游干流 2 个点、下游干流 3 个点和支流 2 个点共 7 个调查点（图 1.22），现场测量了河水温度、溶解固体总量 (TDS)、电导率 (EC)、pH、浊度 (turbidity)，采样分析了河水悬移质泥沙含量

图 1.21　林多村洪痕

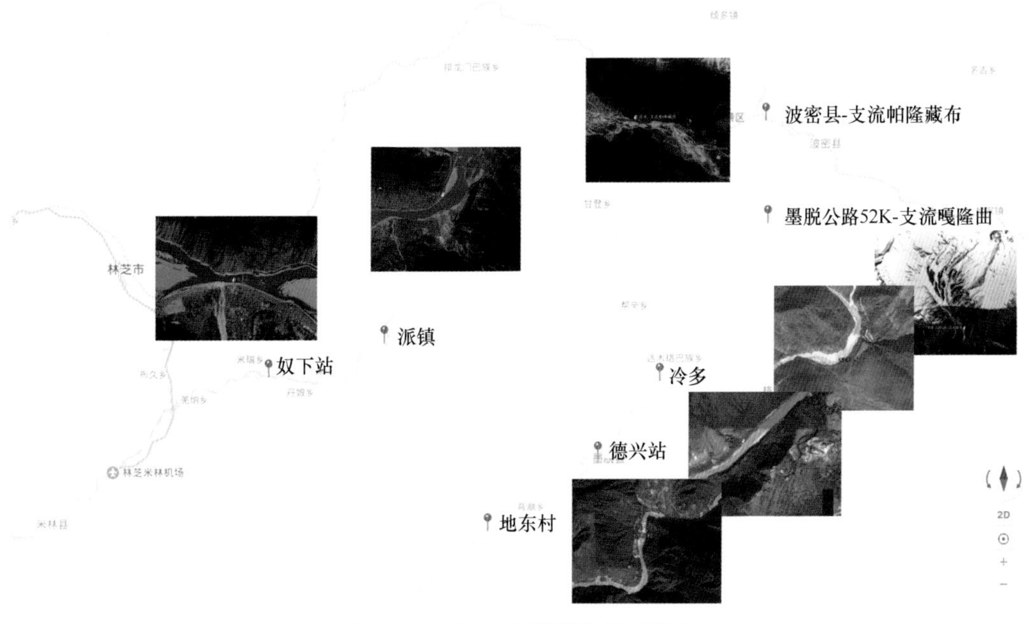

图 1.22　河水样品采样点位置图

(SSC) 和泥沙的颗粒组成。

现场测量数据结果显示，在堵江点上下游，河水的总溶解固体和电导率没有显著变化，但浊度和含沙量浓度在下游明显增加（图 1.23）。2018 年堵江之后堵江点上下游河水泥沙的对比，一定程度上说明了堵江堆积物对下游的影响。从堵江点上下游泥沙颗粒粒径来看，上游河水悬移质泥沙和河滩沉积泥沙以较细的颗粒为主，下游河水悬移质泥沙中的粗颗粒比例明显增加，而下游河滩沉积泥沙则以粗颗粒为主，说明上下游泥沙的来源存在显著差异。

2018 年 10 月 29 日第二次堵江事件发生当日起，开始对堵江点上游奴下水文站和下游德兴水文站水体进行了长期采样分析，得到两站水体的 TDS，对比如图 1.24 所示。从图中可以看出，虽然第二次堵江刚发生时水体 TDS 出现一定的波动，但当第二次堵江自然泄洪、洪峰通过下游德兴水文站、下游流量平稳后，两个站点水体 TDS 区别较小。2019 年 4 月下旬流量开始上升以后，两个站点水体 TDS 差别逐渐增大，这可能与堵江体上下游泥沙颗粒等物质来源不同有关。后期拟通过泥沙样品的定期采集以及颗粒组成和元素含量等测试，进一步分析堵江体对下游泥沙的贡献。

通过对奴下水文站径流含沙量与径流量以及气温、降水量之间的相关性分析（表 1.1），明确了雅江泥沙过程对气象和水文等因素的响应。总体上，奴下水文站的径流含沙量与径流量呈显著正相关关系 ($P<0.01$)，径流量越大，输沙量越大。此外，径流含沙量还与气温显著相关 ($P<0.01$)，一方面是由于该区域夏季雨热同期；另一方面可能与该区域夏季冰雪融水补给比例较大有关。受地表汇流过程的影响，降水径流过程具有一定的滞后性，即径流洪峰往往滞后于集中降水，造成径流含沙量峰值与集中降水期也不一致。通过不同滞后天数的相关系数分析发现，奴下站洪峰滞后集中降水时间约为 4 天。

表 1.1　奴下水文站径流含沙量对气象、水文变量响应的相关性分析

项目		径流量	气温	降水量
含沙量	r	0.680**	0.617**	0.054
	Sig.	0.000	0.000	0.328

** 表示极显著相关 ($P<0.01$)；系数 r [–1，1] 值越高，表示相关性越高。

1.2.5　河道变化

雅江堰塞湖堵塞河段位于色东普支流汇入雅江处，2017 年 11 月以前雅江主河道水流主要从河道的北侧流过，且河道逐渐变窄，上游河道宽 493 m，色东普支流汇入处距河心泥沙堆积处 198 m，下游河道宽 275 m。在 1.04 km^2 的堵塞河道中，泥沙淤积 0.35 km^2（占 34%），主要位于支流汇入口（图 1.25）。

在冰川消融影响下，随着支流汇入冰川碎屑物质的增多，河道发生变化，显著变化有以下 4 个时间节点：① 2017 年 11 月，支流汇入口泥沙积累增多，占该段 50%

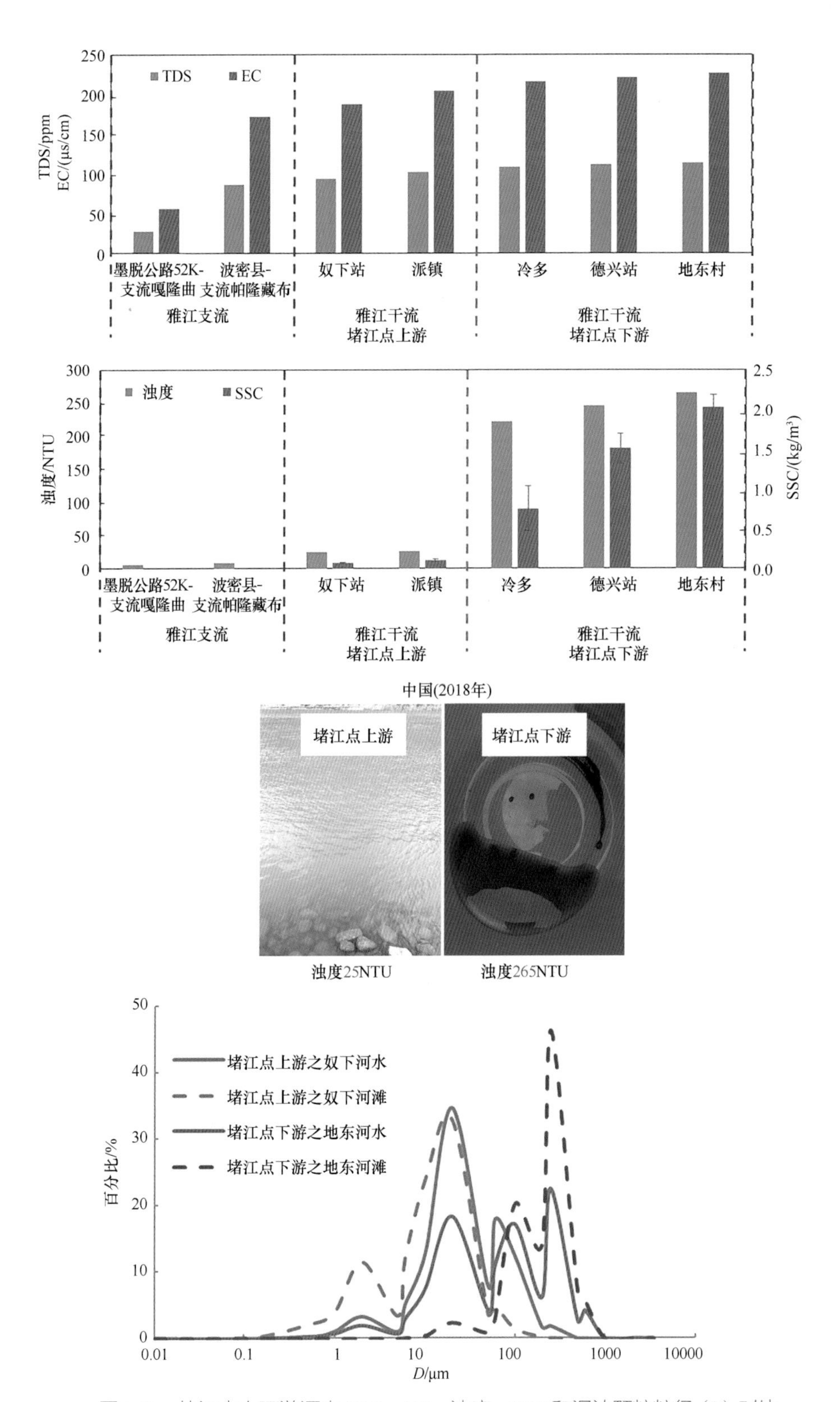

图 1.23　堵江点上下游河水 TDS、EC、浊度、SSC 和泥沙颗粒粒径（D）对比

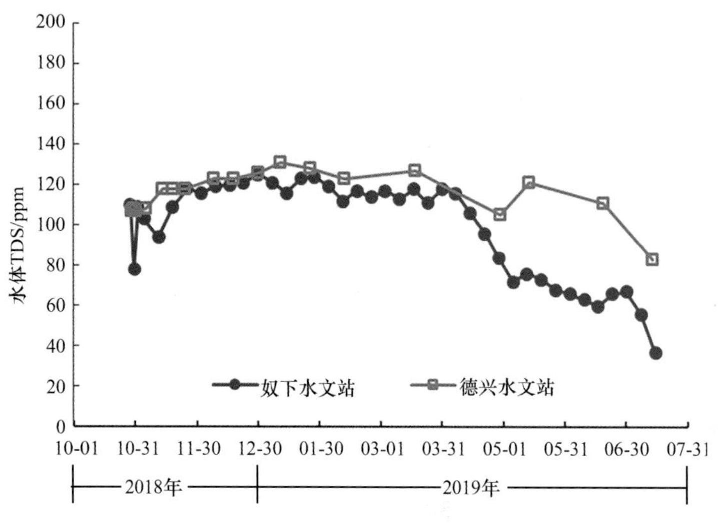

图 1.24 奴下水文站与德兴水文站水体 TDS 对比

"10-01"表示"月 - 日"；1ppm=10^{-6}

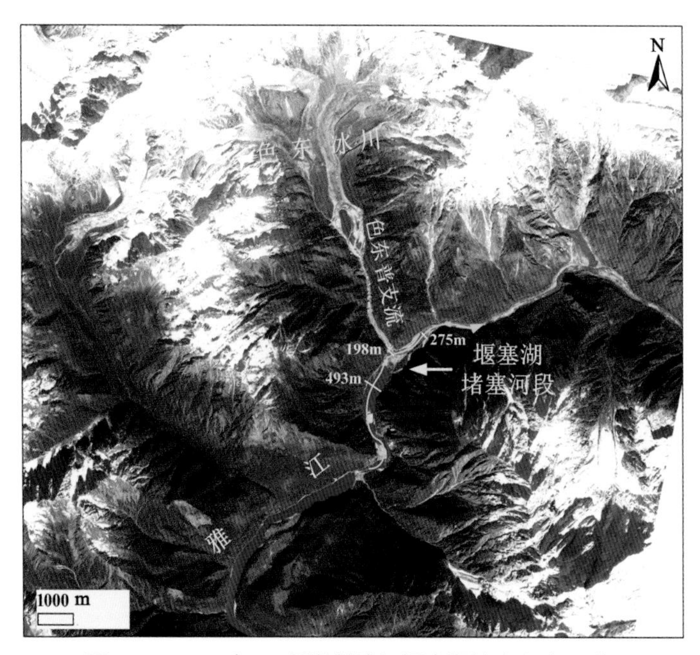

图 1.25 2017 年 11 月以前雅江堰塞湖堵塞段主河道

（图 1.26）；② 2017 年 12 月，支流入口西侧通道逐渐被堵塞致使北侧河道变窄，雅江主河道开始改道到南侧（图 1.27）；③ 2018 年 1 月，北侧的河道消失不见，雅江在此处完全改道从色东普支流入口泥沙堆积处南侧通过，下游河道宽度不到 50 m（图 1.28）；④ 2018 年 6 月，泥沙不断堆积，逐渐增加到占河段的 65%，2018 年 7 月河道基本被泥沙填满，上游河道也只剩中间不到 150 m 的部分有水流通过（图 1.29）。

2017 年 12 月之前，雅江主河道水流从北侧通过，直接冲刷从色东普支流汇入的

图 1.26　2017 年 11 月雅江堰塞湖堵塞段主河道

图 1.27　2017 年 12 月雅江堰塞湖堵塞段主河道

由石块和泥沙构成的冰川碎屑物，因此，只有少部分泥沙在支流汇入口对面积累成河心岛；而 2017 年 12 月之后河流的改道给汇入口泥沙在此处淤积提供了便利，汇入口

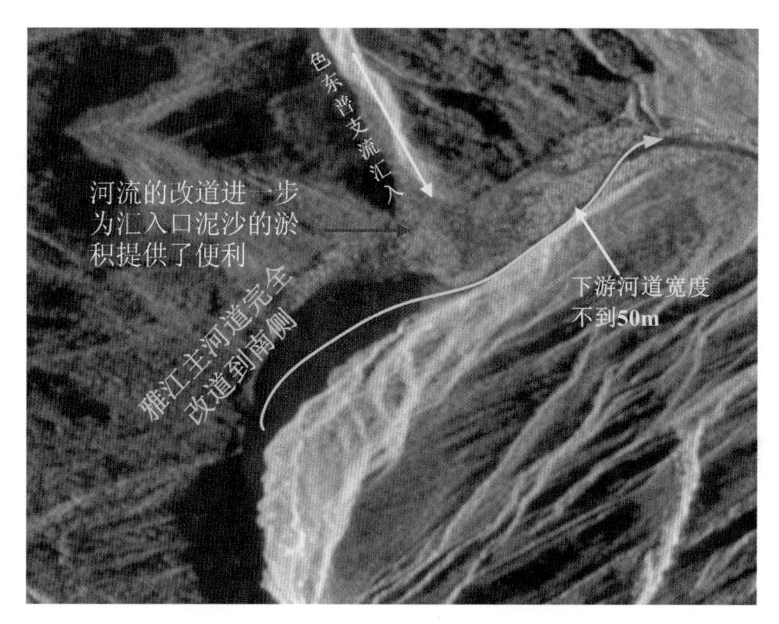

图 1.28　2018 年 1 月雅江堰塞湖堵塞段主河道

图 1.29　2018 年 7 月雅江堰塞湖堵塞段主河道

泥沙加速堆积，最终使得雅江在此处的通道变得不足 150 m（图 1.30）。

1.2.6　泥沙输送与堆积

自色东普支流向上追踪，发现该支流泥沙含量非常大，汇入口处海拔 2760 m，支流河道宽约 50 m，河床宽约 175 m，基本由松软的泥沙堆积而成，在河道两侧可见少

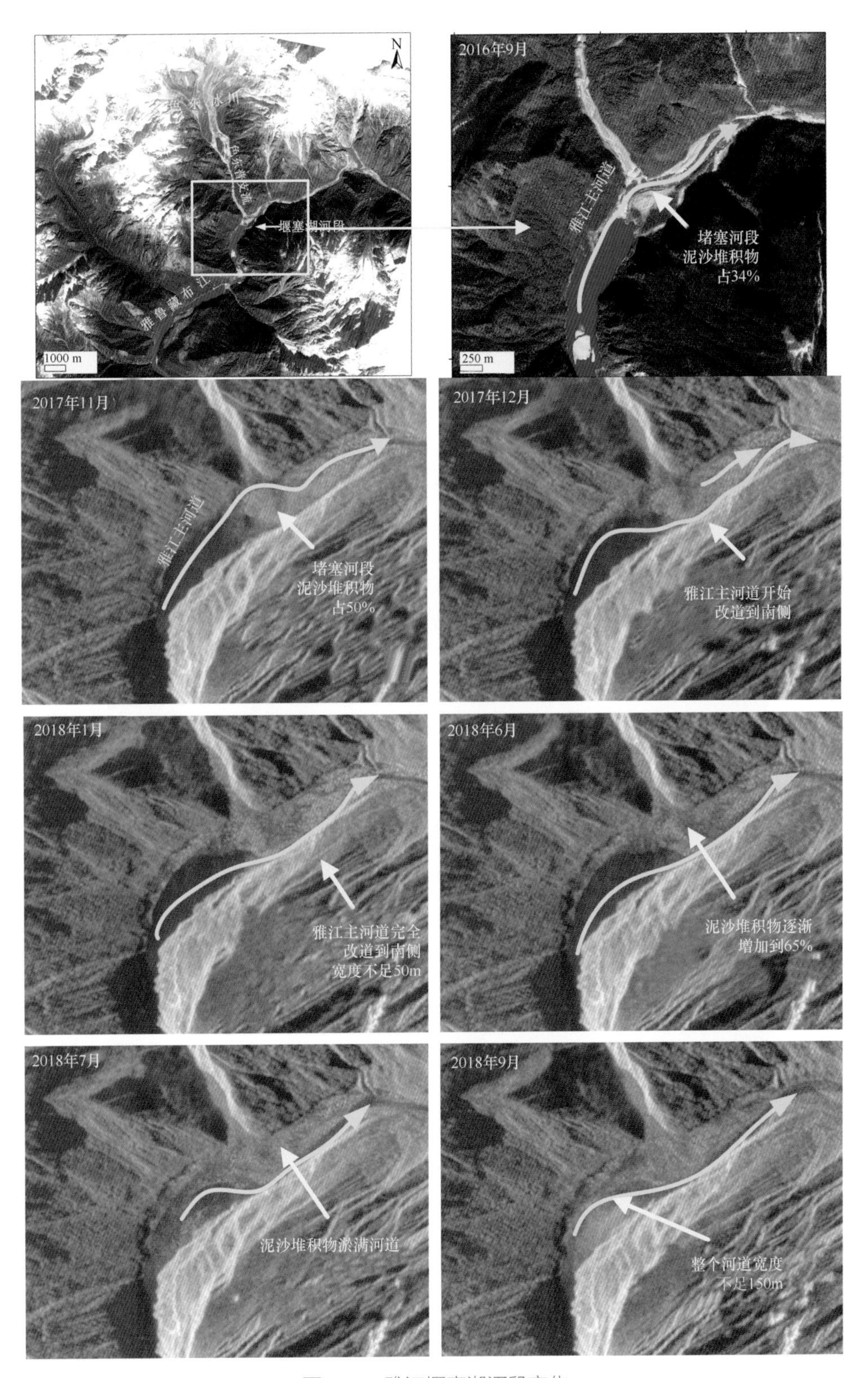

图 1.30　雅江堰塞湖河段变化

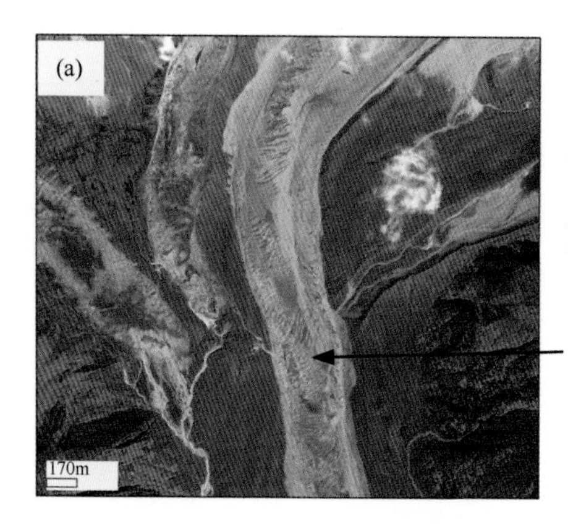

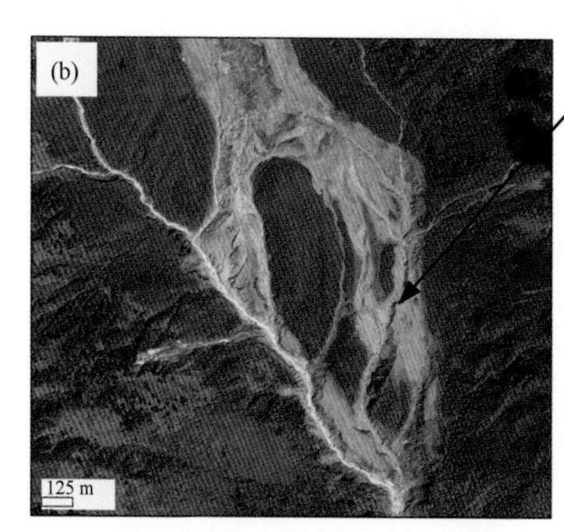

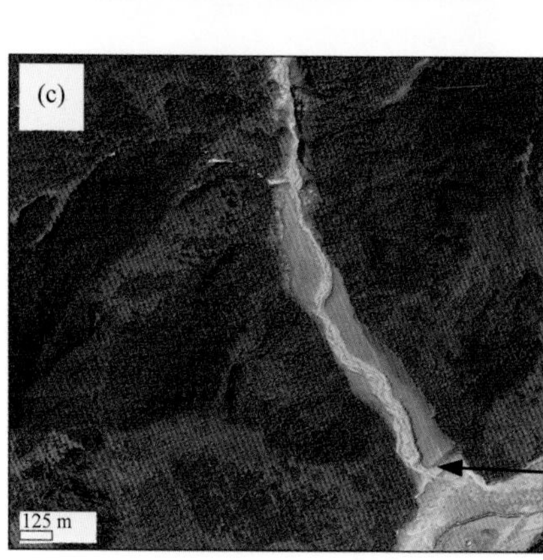

图 1.31 雅江堵塞口支流色东普支流河道特征分析

注：2016 年 9 月 10 日高分二号 1m 合成数据

量石块，粒径在 6 ～ 8 m 不等；往上 3 km 处为色东冰川冰舌前缘，海拔 3250 m，其上被大量冰碛物覆盖，由冲刷的河道估算冰碛物厚度在 30 m 以上，河道两侧分布有较多的石块，石块粒径从几米到十几米不等，冰碛物上方可见一些小的冰面湖；再往上到 3760 m 为冰川四条冰舌处，可见冰舌两侧冰碛物较厚，中间有明显冲刷痕迹，表面布满大小不一的石块，粒径从几米到几十米不等（图 1.31）。色东普支流河道分布了大量冰川融化后产生的由泥沙和石块组成的松散碎屑物质，通过色东普支流汇入雅江中。

1.3　灾害发生过程和原因

1.3.1　冰崩堰塞体的物质来源

雅江大拐弯区域分布着大量的海洋性冰川，同大陆性冰川相比，海洋性冰川运动速度快、累积消融更为强烈，在全球气温普遍升高的气候背景下更容易造成冰崩灾害发生，色东普流域发育的即为典型海洋性冰川。遥感影像显示，2018 年色东普流域内共发育冰川 12 条，总面积 18.8 km^2（图 1.32）。其中面积最大的冰川为 6.03 km^2，面积最小的冰川为 0.37 km^2（表 1.2）。该流域内的冰川在过去 40 年时间内退缩十分严重，根据 Landsat-1 遥感影像，1977 年流域内冰川总面积为 34.47 km^2，面积最大的冰川为 10.86 km^2，面积最小的冰川为 1.33 km^2。40 年的时间该流域内部分冰川由于消融强烈，已经退化为若干条冰川，退缩面积达到 15.67 km^2，比例约 45.46%（童立强等，2018）。

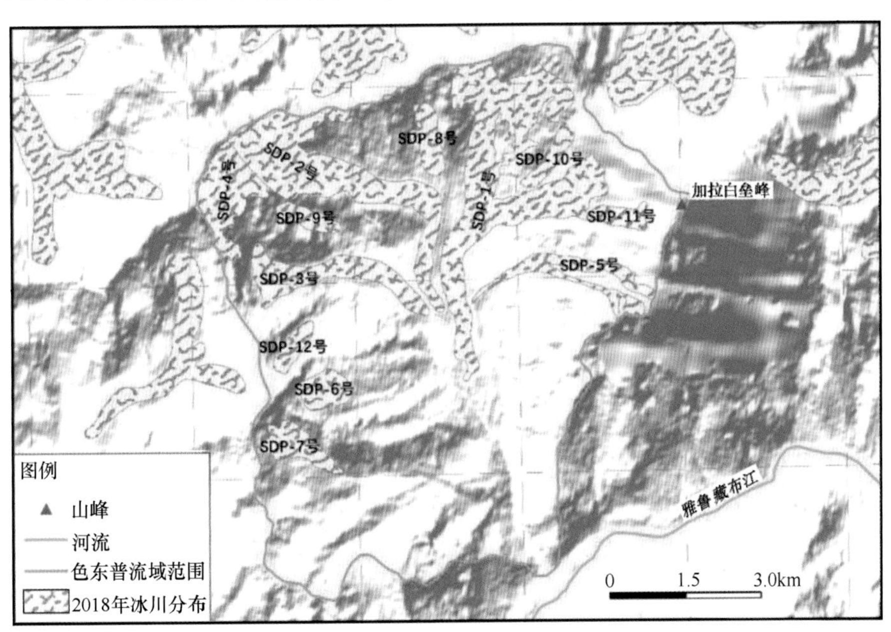

图 1.32　色东普流域冰川分布图（童立强等，2018）

注：图中编号为冰川编号

色东冰川最高峰为朗门扎巴峰，海拔 6806 m，该冰川上部非常陡峭，5000 ～ 6806 m 部分坡度可达 45° 以上，面积约 19.5 km^2。该部分由于坡度非常陡峭，因而存在的冰和雪较薄，常见碎裂的基岩出露，且东侧冰川更为碎裂［图 1.33(c) 和 (d)］；色东冰川冰舌部分坡度较缓，坡度为 6° ～ 12° 不等，洁净冰川最低海拔 4200 ～ 4400 m，冰舌上部布满裂隙［图 1.33(a) 和 (b)］，冰碛物覆盖冰舌前端最低海拔 3670 m。

表 1.2 不同年份色东普沟冰川面积 （单位：km^2）

冰川编号	面积				
	1977 年	1987 年	1999 年	2011 年	2018 年
SDP-1 号	10.86	7.86	6.26	6.07	6.03
SDP-2 号	10.52	8.30	4.69	4.64	4.69
SDP-3 号	2.05	2.01	1.77	1.71	1.64
SDP-4 号			1.55	1.55	1.55
SDP-5 号	1.33	1.33	1.13	1.13	1.13
SDP-6 号			0.73	0.73	0.73
SDP-7 号	9.71	2.88	0.73	0.73	0.73
SDP-8 号			0.58	0.58	0.72
SDP-9 号			0.42	0.42	0.42
SDP-10 号			0.41	0.41	0.41
SDP-11 号			0.38	0.38	0.38
SDP-12 号			0.60	0.54	0.37
总面积	34.47	22.38	19.25	18.89	18.8

注：1977 年和 1987 年 SDP-4 号等冰川无数据是因为这些冰川属于其他冰川分支，尚未独立分开。

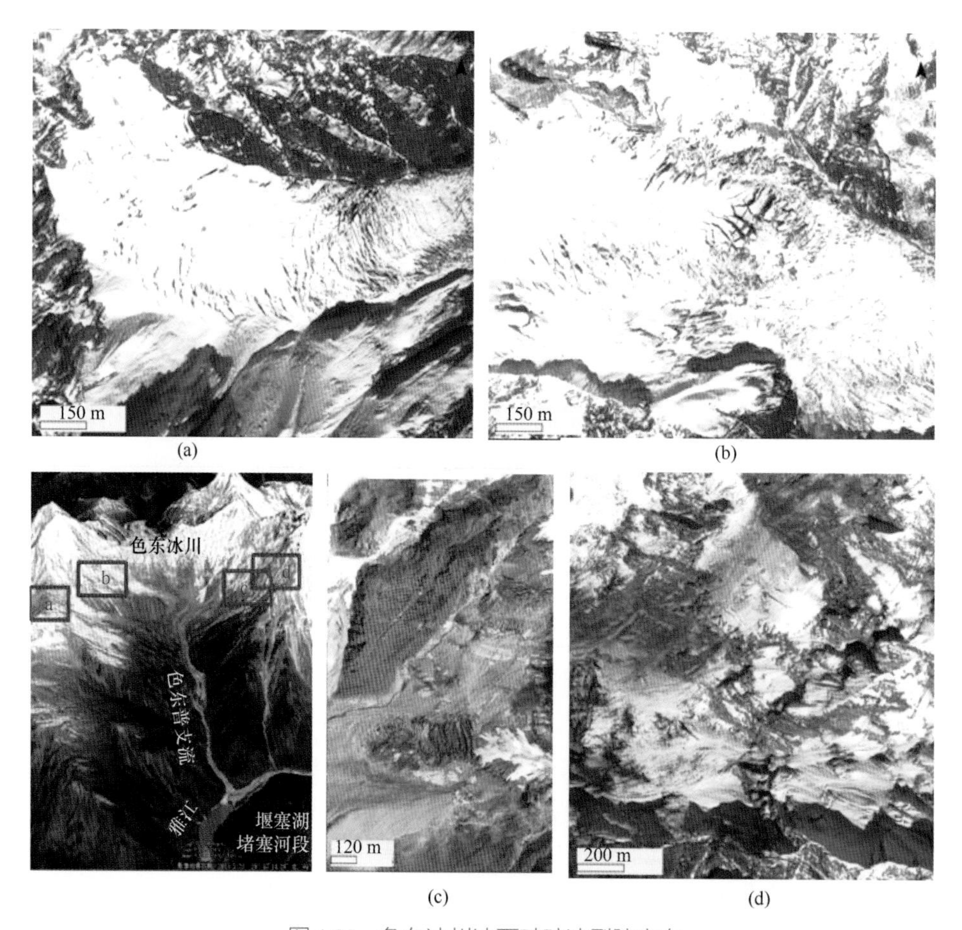

图 1.33 色东冰川冰面破碎冰裂隙密布

实地考察都显示出本次雅江堰塞体内含有冰川冰。堵塞前（2018 年 9 月 18 日）和堵塞后（2018 年 10 月 20 日）的 Planet 微波遥感数据对比表明，从色东普沟支流汇入的大量由泥沙和石块组成的碎屑物质堵塞了河道。本次冰川崩塌主要来源于 SDP-1 号、SDP-10 号和 SDP-11 号冰川，崩塌的碎屑物质通过 SDP-1 号冰川的冰舌向下滑落（图 1.32 和图 1.34）。10 月 29 日发生第二次堵塞，进一步表明了大量堵塞物质来源于色东普沟支流。

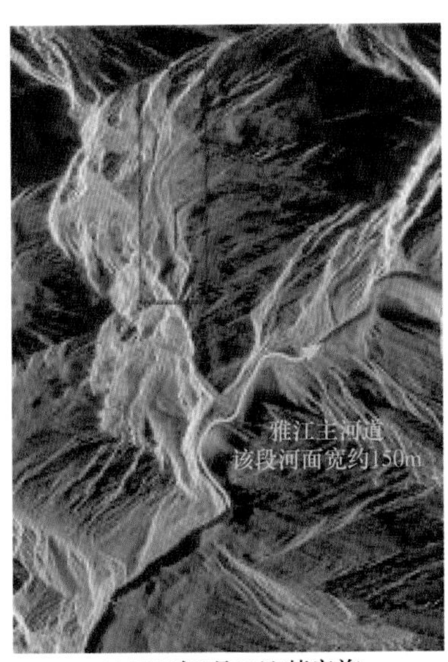

(a) 2018年9月18日(堵塞前)

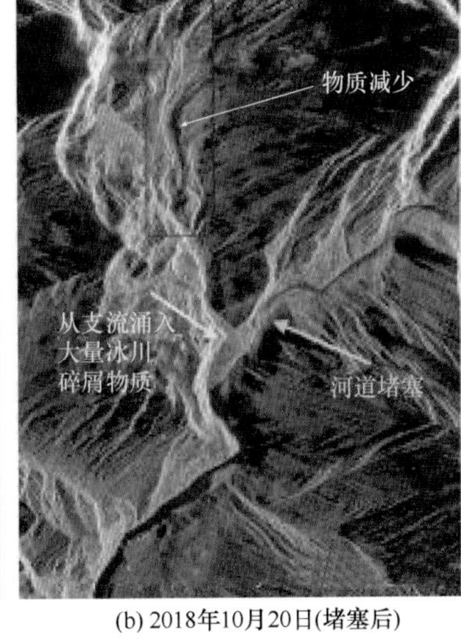

(b) 2018年10月20日(堵塞后)

图 1.34　堵塞前和堵塞后的微波遥感数据对比

1.3.2　冰川变化特征

冰崩堵江事件发生后，雅江堵江应急科考队第一时间获取了覆盖滑坡山体区域 2018 年 1 ～ 10 月共 20 余景 Sentinel-1A 雷达影像、2011 年和 2013 年各 1 景 TanDEM-X /CoSSC 雷达影像，以及该区域 SRTM DEM、ALOS DEM、TanDEM DEM 等高程数据，用来探究色东冰川灾前厚度及流速变化。现已初步获取 2018 年 2 ～ 10 月共四个时段的二维平面流速，以及 2000 ～ 2011 年、2000 ～ 2013 年两个时段的厚度变化。

二维平面流速显示色东冰川东支中下游部分在 2018 年一直保持较高的流速，明显快于冰川其他支流（图 1.35）。虽然流速在 4 ～ 5 月有明显降低，但在 8 ～ 9 月又大幅上升。9 ～ 10 月虽然又小幅降低，但尾部流速仍高于 2 ～ 5 月。从 2018 年 4 ～ 5 月到 8 ～ 9 月，流速从约 15 cm/d 快速增长至近 40 cm/d。这种增幅已经大大超过了常见的季节性波动幅度，表明冰川在 2018 年 8 ～ 10 月处于跃动 / 冰崩期。一般而言，冰川跃动时，流速激增，大量冰体从高海拔位置快速转移到低海拔位置。跃动发生后，低海拔位置存留的大量冰体会经历快速消融过程。

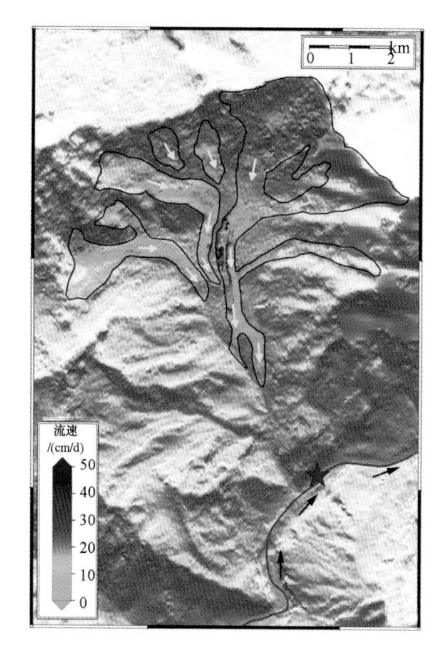

(a)2018年2月15日~4月4日

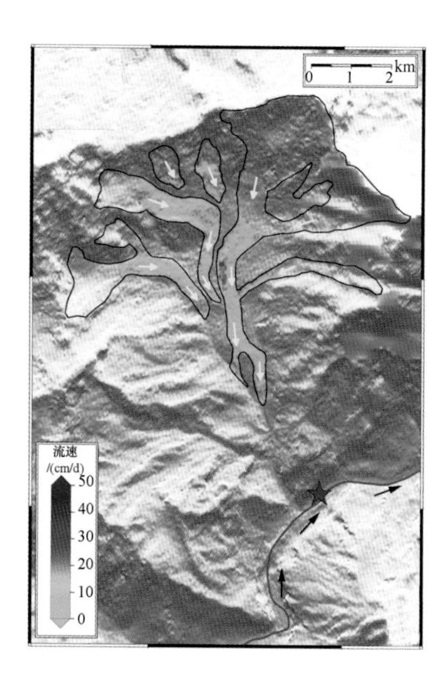

(b)2018年4月4日~5月22日

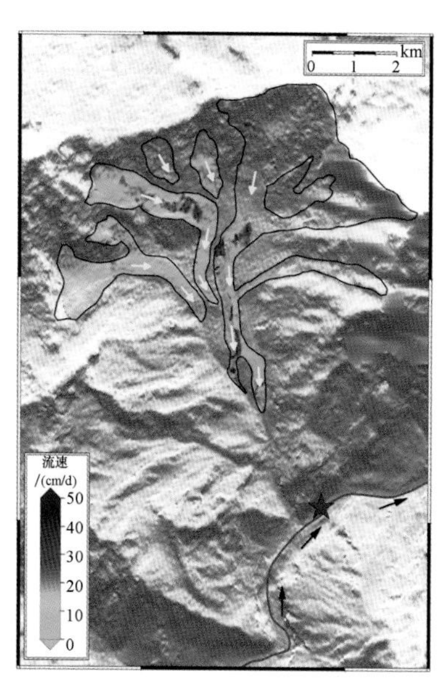

(c)2018年8月26日~9月19日

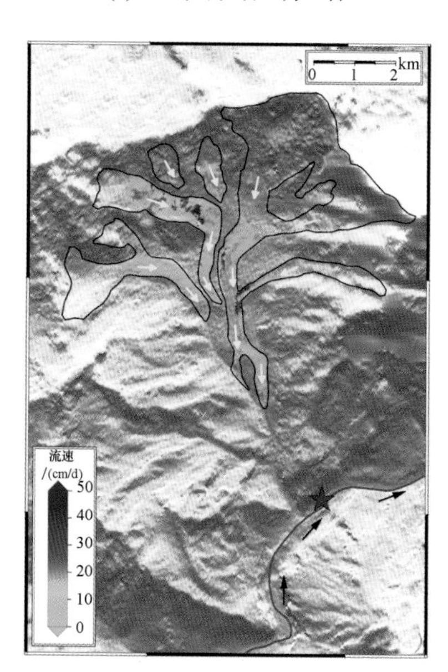

(d)2018年9月19日~10月13日

★ 2018年10月17日堵江点 色东冰川边界 雅江 冰流方向 江流方向

图 1.35 色东冰川 2018 年 2 ～ 10 月共四个时段的二维平面流速

两个时段厚度变化结果图（图 1.36）清晰展示出东支中下游（冰舌上部）2000 ～ 2013 年大幅增厚，西支冰舌上部则大幅减薄。相比 2000 年，2011 年东支中下游已经增厚近 20 m，2011 ～ 2013 年持续增厚至 30 m 左右。中支河道拐弯处在 2000 ～ 2011 年减薄约 20 m，但到 2013 年减薄已经高达 40 m。

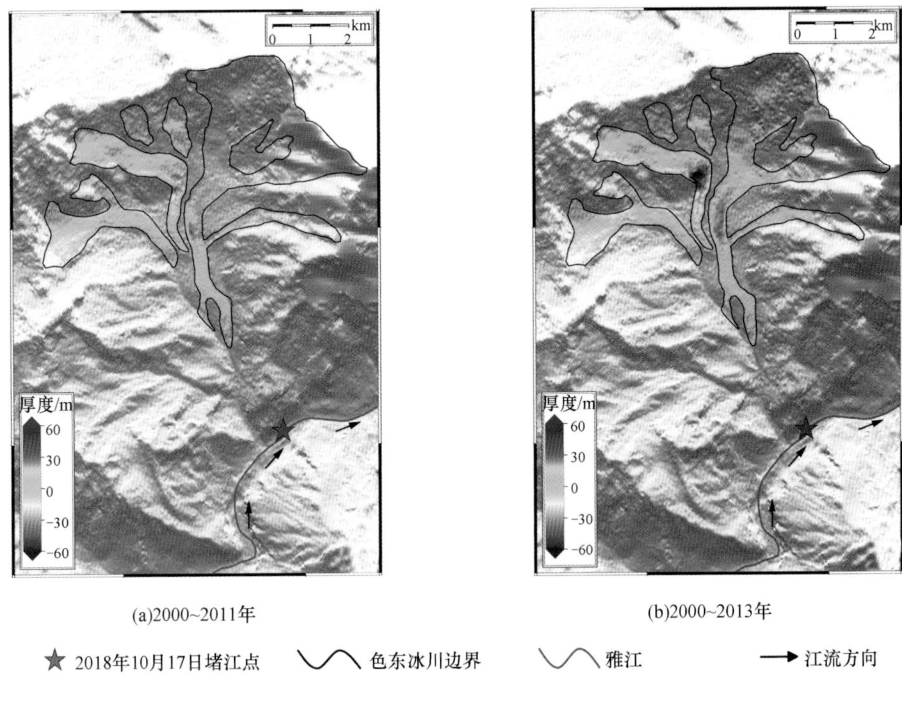

图 1.36　色东冰川 2000 ～ 2011 年、2000 ～ 2013 年两个时段厚度变化

至此，冰川流速和厚度变化结果已经表明，此次雅江堵塞极有可能是色东冰川高速消融加快跃动发生，进而引起的次生灾害。

1.3.3　冰崩前的天气

色东普沟周边没有气象站，附近最近的气象站是中国科学院藏东南高山环境综合观测研究站（海拔 3340 m，距离 <15 km）。为了解堵塞发生前色东普沟流域天气状况，利用研究站气象资料对 2018 年 10 月 (20 日以前）和夏季气温、降水做初步分析。

2018 年 10 月本区累计降水量 45.4 mm，其中 9 日和 14 日出现大雨（红圈），分别为 14.6 mm/d 和 11.0 mm/d，高山冰川区 (>4400 m) 应该是积雪，为冰崩和冰川融水洪水提供了水分条件。10 月气温（蓝线）月初起急剧降低，10 日最低 (1.7 ℃），然后波动升高至 16 日的 5.7℃，也就是冰崩堵江事件的发生日（图 1.37）。

印度季风是本区夏季降水的主要来源，通常出现在 6 月中旬至 9 月中旬。由表 1.3 可知，2018 年夏季 7 月、8 月降水极端偏少，9 月、10 月降水极端偏多，季风结束推迟了 1 个月。另外，9 月气温高于 7 月也是异常现象，这种高温高湿天气为海洋性冰川滑动崩坠提供了有利的水热条件。

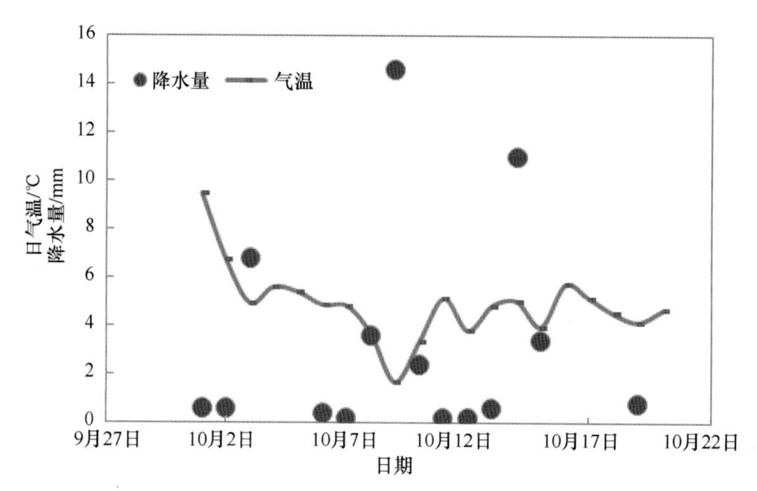

图 1.37　中国科学院藏东南高山环境综合观测研究站气象资料 (2018 年)

表 1.3　夏季各月气候状况 (2018 年)

项目	7 月	8 月	9 月	10 月（20 天）
气温 /℃	10.4	12.9	11.1	5.9
降水量 /mm	3.8	30.2	123.4	45.2

色东普周围波密、洛隆和林芝 3 个气象站数据表明，在 2018 年 10 月 16 日冰川崩塌之前 2 ～ 4 日存在集中降水（童立强等，2018)，尤其是洛隆气象站和林芝气象站，短时间集中降水量较大（图 1.38)；GF-4 号遥感影像表明，2018 年 10 月 30 日前存在大范围集中降水（图 1.39)。降水后重力作用增强，致使冰川下滑力增大，容易发生垮塌。冰川存在的大型裂隙使得降水下渗，从而增加冰川底部静水压力，降低冰川底部摩擦力，易导致冰川发生垮塌。

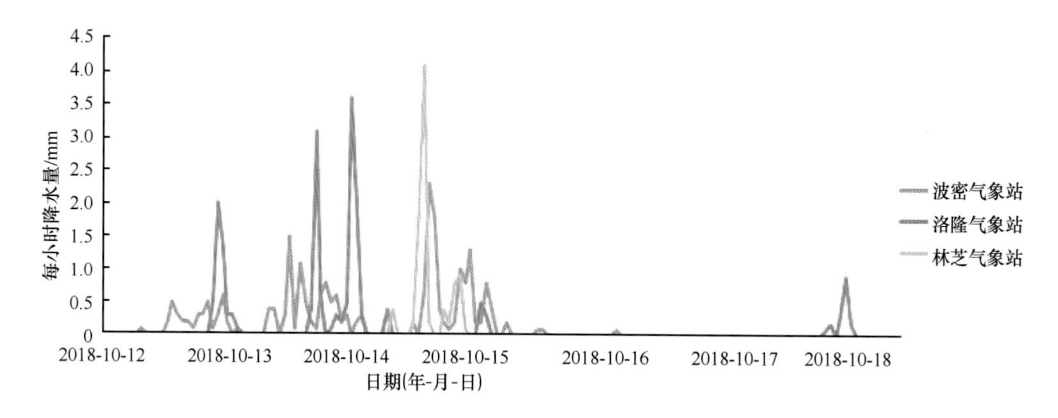

图 1.38　2018 年色东普流域周边气象站降水量数据（童立强等，2018)

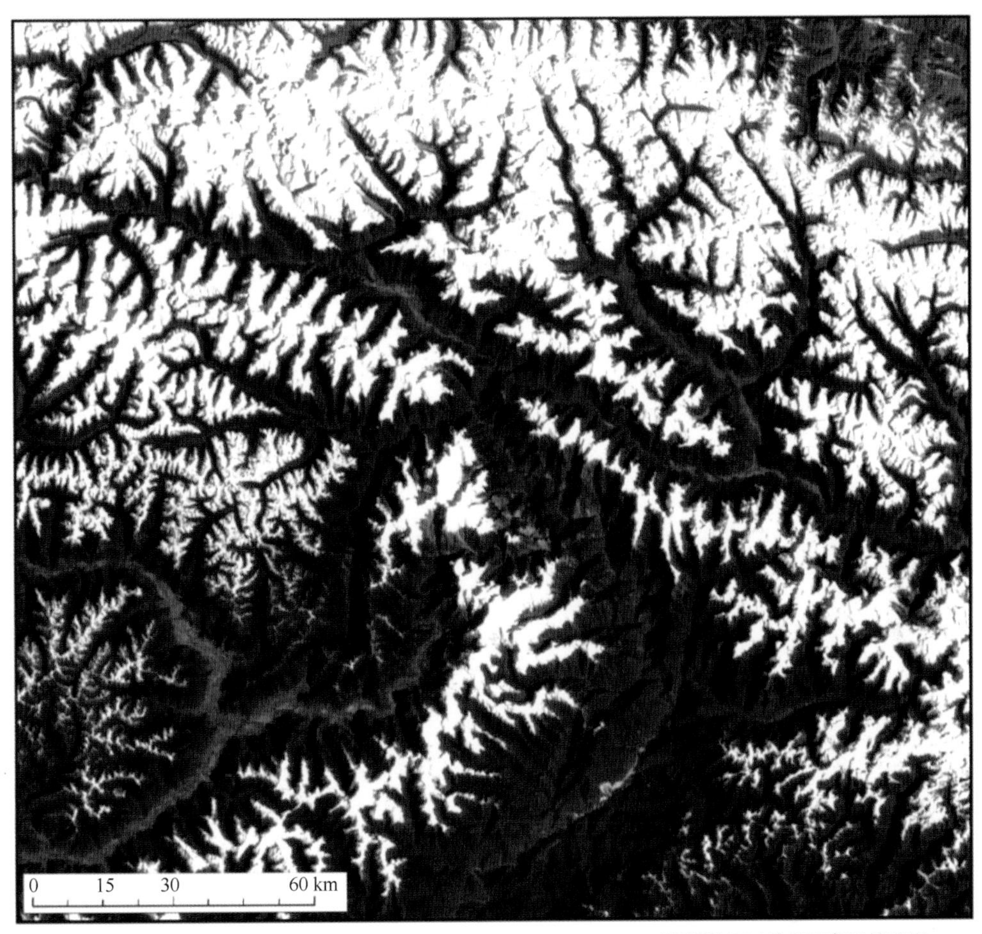

数据源:GF-4号(2018年10月30日)
中国地质调查局自然资源航空物探遥感中心

图 1.39　2018 年色东普流域周边 GF-4 号遥感影像图

第2章

冰崩灾害发生的自然和历史背景

2.1 自然环境状况

雅江大拐弯区域位于青藏高原东南部，围绕喜马拉雅东构造结，是印度洋板块向欧亚板块俯冲、楔入的最前缘，是现今地球上构造隆升最强烈、地貌演化最迅速、降水强度最大的地区之一，是构造 - 气候 - 侵蚀强烈相互作用的区域（图 2.1）(Lang et al.，2013)。从派镇附近至巴昔卡，全长约 500 km，水面落差超过 2700 m，相对切割深度 2000 ～ 4000 m。河流环绕喜马拉雅山东端的最高峰——南迦巴瓦峰做奇特的大拐弯，流向大致由东西向变为北东向再转折为近南北向，在南迦巴瓦峰与加拉白垒峰之间切割最深达 5000 m 左右，形成著名的雅鲁藏布大峡谷。大峡谷中山嘴交错，大拐弯中叠套着连续的直角形小拐弯，江流迂回曲折，河床深切入基岩，河谷都为深切割的峡谷，两侧谷坡陡峻，阶地极为零星。峡谷中河道单一，往往都是谷底即河床，纵比降陡，河水湍急（图 2.2）(中国科学院青藏高原综合科学考察队，1983)。

反映新构造运动的地震，在这段峡谷中特别频繁而强烈，地震引起了山崩地塌，堵塞河道，对河流的发育和水文特性也带来巨大的影响。据调查，目前所见的峡谷谷坡的崩塌作用很大一部分是在 1950 年 8 月 15 日大地震造成的山体破坏及其以后流水作用参与下进一步发育的（中国科学院青藏高原综合科学考察队，1983)。

雅江流域南侧高耸的喜马拉雅山成为气候屏障，暖湿的印度季风难以翻越。雅鲁藏布大峡谷成为印度季风通道，暖湿气流只能从河谷伸入，不断地溯江北上，向青藏高原内部输送，因而降水量自东而西明显地减少，对藏东南地区的气候产生很大影响。在水汽通道地区形成海洋性冰川发育的中心和冰雪型、暴雨型泥石流发育的中心，也成为高频率、高强度的各种不良地质地貌现象的发生中心（杨逸畴等，1987)。

随着海拔升高，南迦巴瓦峰可以分为 8 个植被垂直带谱。海拔 600 ～ 1100 m 为低山半常绿雨林带，海拔 1100 ～ 1800 m 为低山常绿阔叶林带，海拔 1800 ～ 2400 m 为山地半常绿阔叶林带，海拔 2400 ～ 2800 m 为中山针阔混交林带，海拔 2800 ～ 3800 m 为亚高山常绿针叶林带，海拔 3800 ～ 4800 m 为高山灌丛草甸带，海拔 4800 ～ 5200 m 为高山冰缘带，海拔 5200 m 到山顶是高山永久冰雪带（李渤生和李路，2015)。

现代冰川以加拉白垒峰和南迦巴瓦峰为中心，发育有山谷冰川，它们的末端最低一直下伸到海拔 3000 m 左右的雅江边，如直白曲登村旁则隆弄沟的现代冰川等。夏天冰川融化往往形成冰川泥石流壅塞雅江谷地，它给雅江水流的侵蚀堆积过程造成巨大的影响。第四纪冰期时，冰川规模更大，冰川或冰碛物可以下伸堰塞雅江 (Montgomery et al.，2004；刘宇平等，2006)。

2.1.1 地质

雅江大拐弯入口段位于东喜马拉雅构造结核心附近，海拔 7787 m 的南迦巴瓦峰是该地区地质构造抬升中心。构造结由 3 个地质单元组成：冈底斯单元、雅鲁藏布单

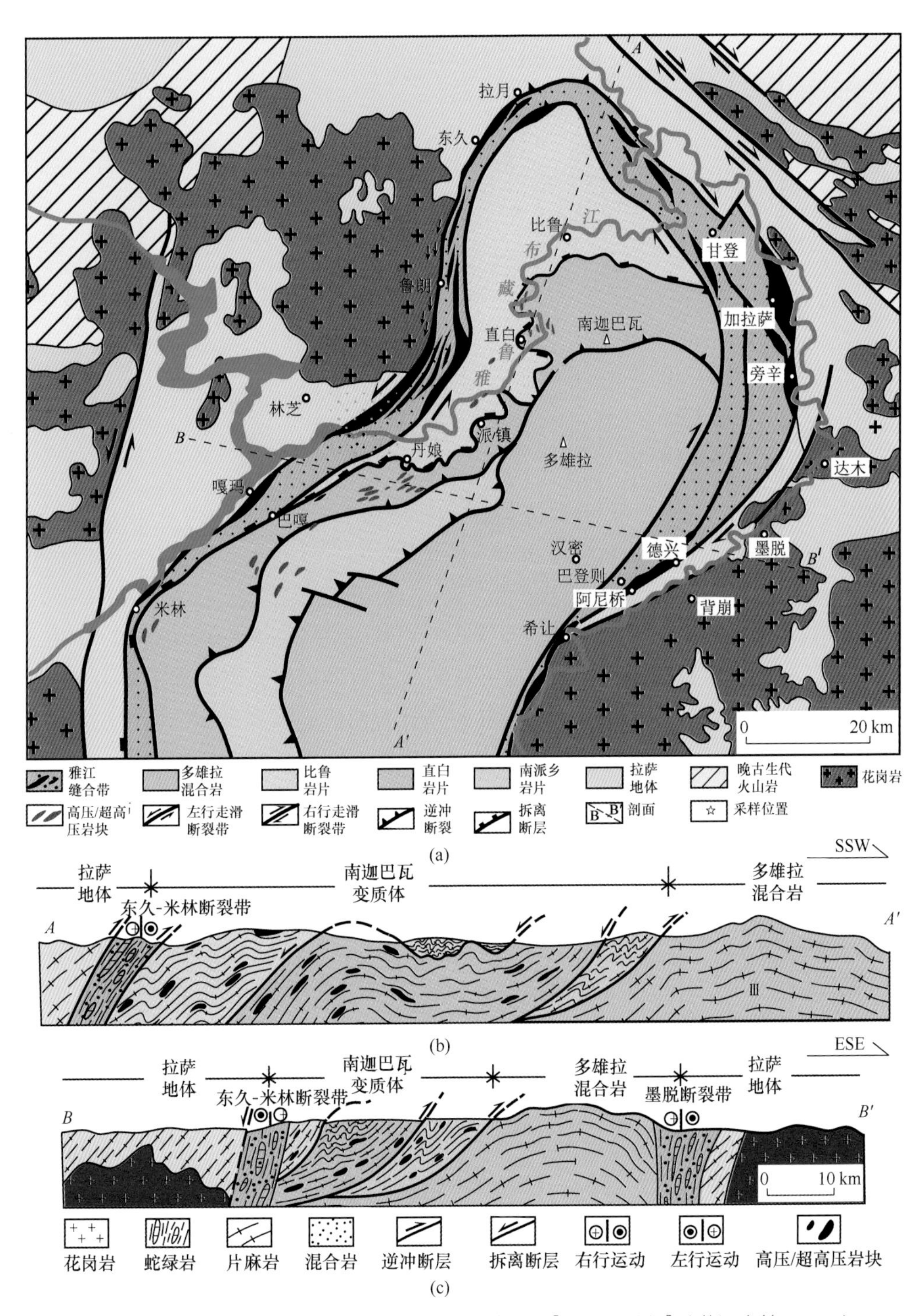

图 2.1　东喜马拉雅构造结构地质简图 (a) 与剖面图 [(b) 和 (c)]（董汉文等，2018）

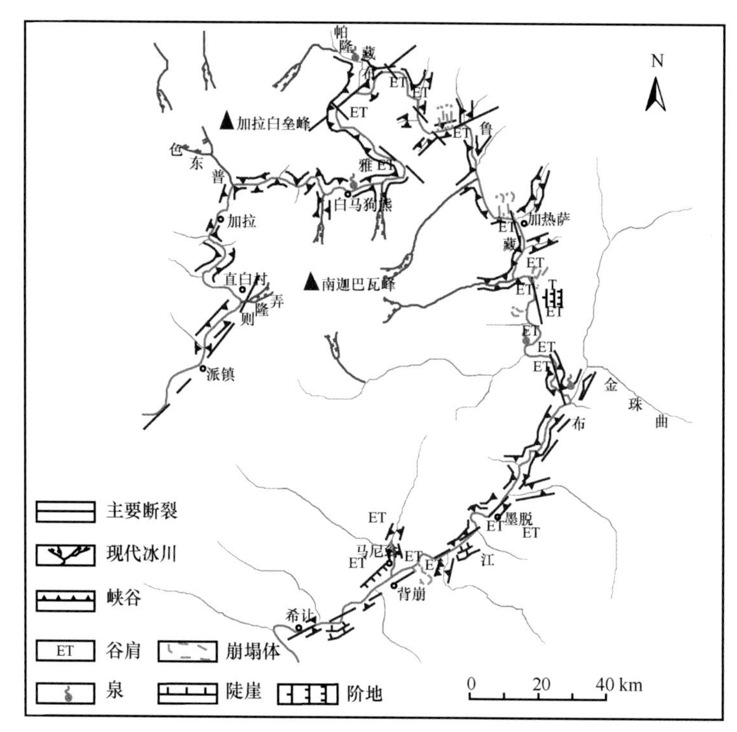

图 2.2　雅江大拐弯地貌略图（中国科学院青藏高原综合科学考察队，1983）

元及喜马拉雅单元。嘉黎断裂、东久 - 米林断裂及阿尼桥断裂等大型走滑断裂控制着东喜马拉雅构造结的格局，其中南坳大断裂经过直白沿则隆弄沟至南迦巴瓦峰与乃彭峰之间，派断裂经过鲁霞、德阳等地。本区域出露岩石以各种片麻岩为主，片理发育（董汉文等，2018）（图 2.1）。

构造活跃使得区域内地壳稳定性变差，地震频发。构造活动也是影响滑坡稳定性的重要因素。现代雅鲁藏布大峡谷地区中的侵蚀速率达到 5 ～ 10 mm/a。从长时间尺度上看，距今 5 ～ 10 Ma，南迦巴瓦岩体以 3 ～ 5 km/Ma 的速率剥露，近 3 ～ 5 Ma 以来剥露速率则更高，达到 10 km/Ma（Lang et al.，2013）。快速的地表侵蚀与岩体抬升在这一区域形成相互作用的耦合过程。构造抬升引起河流下切，高山峡谷反差变大，斜坡体重力势差增加，为滑坡的发生提供了地形条件。区域崩塌滑坡点多面广，是区域表层剥露的主要动力之一，表层的快速剥露同样可以带来强烈的重力均衡隆升，但这对区域隆升的贡献量有多大，在一定时间尺度内是否足以维持侵蚀平衡，仍有待于进一步研究。活动断裂带构造变形复杂，结构面密集发育，岩体破碎岩性软弱，易风化，稳定条件差，为冰崩的发生提供了一定的物质条件。穿越滑坡体的活动断裂蠕滑作用对灾害体的稳定性产生影响。活动断裂带强烈运动往往伴有地震发生，诱发冰崩。对雅江和帕隆藏布干流的崩塌滑坡灾害进行统计，发现灾害体多集中在雅江大拐弯顶端附近，受构造、岩性和地貌控制明显。构造上，大拐弯顶端为隆升的核心区，隆升造成的新的不稳定和不平衡，是灾害发育的主控因素；岩性方面，缝合带内的岩性相对硬脆，受构造剪切破碎，稳定性较差，容易发生崩塌滑坡（杜国梁，2017）。

2.1.2　地貌与水文

从派镇到巴昔卡为雅江的下游河段，500 km 河段平均坡降为 5.5‰；其中派镇到墨脱河段长约 212 km，平均坡降达 10.3‰。年径流总量为 1395.4×10^8 m^3，年平均流量 4425 m^3/s（奴下站），约占西藏外流水系年径流总量的 42.4%。雅江奴下水文站实测历年（1956 ～ 1975 年）的最大洪峰流量为 12700 m^3/s，多年平均洪峰流量为 8040 m^3/s。地貌上，深切峡谷段河流侧蚀容易形成临空面，造成重力失稳，诱发崩滑。南迦巴瓦峰地区活动的泥石流有 50 余条，其中西北坡冰雪盘踞各个山峰，发育了许多海洋性冰川，冰川侵蚀与寒冻风化形成丰富的松散固体物质，夏季冰雪消融或暴雨天气，极易激发形成泥石流。这些过程造成大量泥沙与石块冲入河道，堵塞江河，形成堰塞湖，堰塞湖的坝体在漫顶过水后往往很快被冲毁，造成溃坝后洪水宣泄。还有，在现代冰川发育的地区，有些冰川湖泊由于冰雪等崩塌入湖，造成冰湖溃决（中国科学院青藏高原综合科学考察队，1984）。

大拐弯峡谷的地貌形态在金珠曲上、下有明显差别。金珠曲以下到希让间为一较宽浅的“V”形峡谷，谷坡在 30° ～ 45°，谷底河床宽在 150 m 以上。金珠曲以上到派镇之间峡谷呈上缓下陡形，谷坡上部在 40° 左右，下部则变陡到 60° ～ 80°，甚至为直立的陡壁，其中尤以白马狗熊到扎曲之间一系列小的直角形转折峡谷最为险峻。这段河床宽不到 100 m，流速达 8 m/s，局部河段流速可达 16 m/s（中国科学院青藏高原综合科学考察队，1983）。

峡谷曲流的平面形态在不同河段也不相同。金珠曲至希让之间，主河道发育在北东向断裂带内，形成拉长了的“S”形曲流河段；金珠曲到加热萨之间主河道呈近南北向形成“弓”形的曲流河段；加热萨以上主河道从北西向转为北东向，是多次做不规则的直角形拐弯的曲流段（图 2.2）。上述三种类型都是受不同方向的断裂或节理控制的结果。在构造转折所形成的峡谷段，其形态往往变得更为陡峻，水流湍急，并往往出现 1 ～ 2 m 高的河床跌水湍流。在两个拐弯之间比较顺直河段则河流发育往往与地层走向一致，也就是河流顺层侵蚀切割，常常形成一岸特别陡峭的不对称峡谷形态。大拐弯主流河道，除有大崩塌、泥石流等河段可能出现暂时局部的堆积河床（如背崩、中弄等）外，基本上都为深切的基岩河床（中国科学院青藏高原综合科学考察队，1983）。

大拐弯峡谷中，谷坡物质移动非常强烈，以重力崩塌作用为主，提供现代河床以大量巨颗粒的堆积物质。大拐弯峡谷中由于河流强烈下切和谷坡物质移动强烈，阶地保存不好，仅零星分布在支沟沟口，如加拉、旁辛、加热萨、墨脱、德兴、背崩、地东、希让等地。峡谷的谷坡高位由交错山嘴所构成的谷肩较发育（图 2.2）。在相对高度 600 m 左右的一级呈山嘴平梁状的谷肩上，有黄土状物质堆积，如月儿工到巴登之间、帕隆藏布汇入雅江附近的岗朗至扎曲、白马狗熊上游错卡勒边坝拉山口等都有分布（中国科学院青藏高原综合科学考察队，1983）。

峡谷的支流以大拐弯顶端的帕隆藏布和墨脱以上的金珠曲为最大，它们均以垂直方向汇入主流，两者汇口段皆以深峻的峡谷出现，并有温泉出露。帕隆藏布汇口段岩石破碎，金珠曲汇口段出露少见的花岗岩侵入体，这些都反映了它们是受控于断裂发育的。此外，大拐弯峡谷中其他一些小支流中有的发现大量温泉，有的呈线形深切和谷坡多断崖陡壁等，这些都反映了支沟发育也严格受到构造控制。许多支沟沟口以相对高度100余米的瀑布或跌水落入主流，这是峡谷地区的强烈上升，支流下切量跟不上主流的下切量所导致的结果（中国科学院青藏高原综合科学考察队，1983）。

与派镇以下河段深切峡谷及高坡降不同，派镇以上到日敏峡谷为长约176 km的宽谷段，坡降非常和缓。谷底宽度从日敏起逐渐展宽，由日敏峡谷段下游的谷底宽1 km左右，到茂公附近为2 km左右，尼洋曲汇口一带展宽到3 km以上。水面宽度也随之逐渐增加，水面最宽处可达2 km。该段落差约165 m，平均坡降0.94‰。由于坡降缓，河谷宽阔，水流平缓，河道中多江心洲、浅滩、汊流（中国科学院青藏高原综合科学考察队，1984）。因此，在河流纵剖面上，雅鲁藏布大峡谷河段表现为雅江上最大的裂点。在裂点以上河谷宽阔平坦，一旦雅鲁藏布大峡谷发生堰塞堵江，相同坝高的情形下，上游河谷宽阔，其库容较峡谷段更大。

关于这一裂点的成因，目前存在三种观点：第一种观点认为，南迦巴瓦峰一段广泛存在的冰川坝（冰碛物堆积）蓄水阻塞河道，阻碍裂点溯源迁移，使得侵蚀集中于裂点以下河段，形成深切峡谷（Korup and Montgomery，2008）。第二种观点认为，南迦巴瓦峰裂点附近高速构造抬升造成地壳反翘，使得裂点稳定在这里，2.5 Ma来，雅江古河床发生向上游的倾斜反翘，在其上游河谷中的古河道上堆积了数百米的沉积物（图2.3和图2.4）（Wang et al.，2014）。第三种观点认为，大峡谷上游广泛存在的处于同一高程（海拔约3500 m）的裂点是河道响应早期构造抬升的结果（Schmidt et al.，2015）。

注入大峡谷的支流帕隆藏布在波密—古乡一带为宽谷，河床迂回曲折，堆积作用盛行，河漫滩广泛分布，常见沙洲、心滩、边滩和沙嘴等河床堆积地貌。由于河道纵比降小，河流搬运能力弱，这一区域是城镇用地重要的人类工程经济活动区。考察表明，波密—古乡段宽谷是因河谷两侧山地冰碛垄或冰崩碎屑物质冲入河谷堰塞河道所形成的，河流在泥石流扇体或冰碛垄段落形成急流，在其上游段泥沙堆积形成宽谷（图2.5）。

2.1.3 气候

雅江大拐弯区域地形复杂，高低悬殊，受季风环流及垂直地带性控制，气候类型复杂。雅鲁藏布大峡谷成为印度季风通道，降水量最高，暖湿气流源源不断地溯江北上，向青藏高原内地输送，对藏东南地区的气候产生很大影响（图2.6）。因地形反差巨大，这一区域垂直向上可划分为低山热带北缘湿润气候带、山地亚热带湿润气候带、高原温带半湿润气候带、山地寒温气候带、高山寒冷气候带、高山寒冻

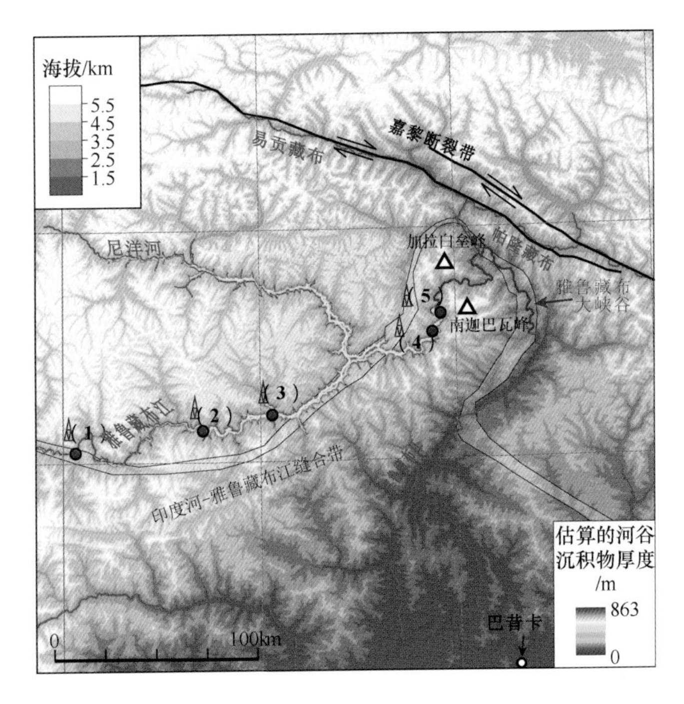

图 2.3　雅江大拐弯上游宽谷的充填深度（Wang et al.，2014）

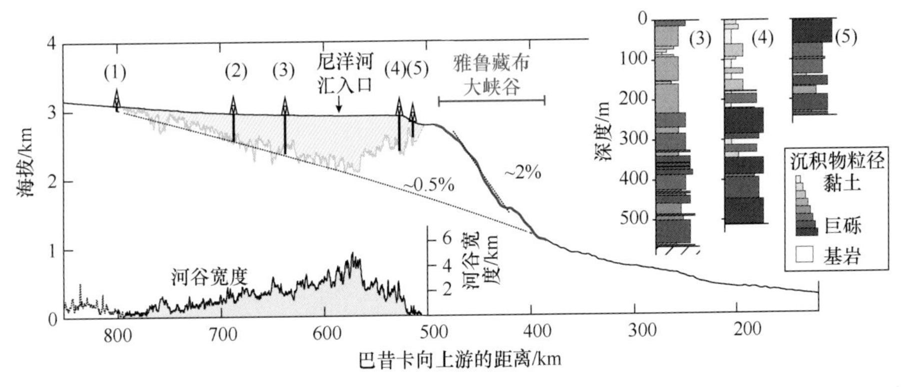

图 2.4　雅鲁藏布大峡谷及其上下游段河流比降、河谷宽度和沉积厚度（Wang et al.，2014）
图中（1）～（5）对应图 2.3 中钻孔位置

风化气候带和高山冰雪气候带 7 个气候带（表 2.1）。与气候垂直带相对应，植被也呈现典型的垂直分带。

2.1.4　冰川

藏东南海洋性冰川由于位于印度季风进入青藏高原的重要水汽通道之上，是我国海洋性冰川的发育中心。相比大陆性冰川，该区冰川具有高消融、高补给和高水分转

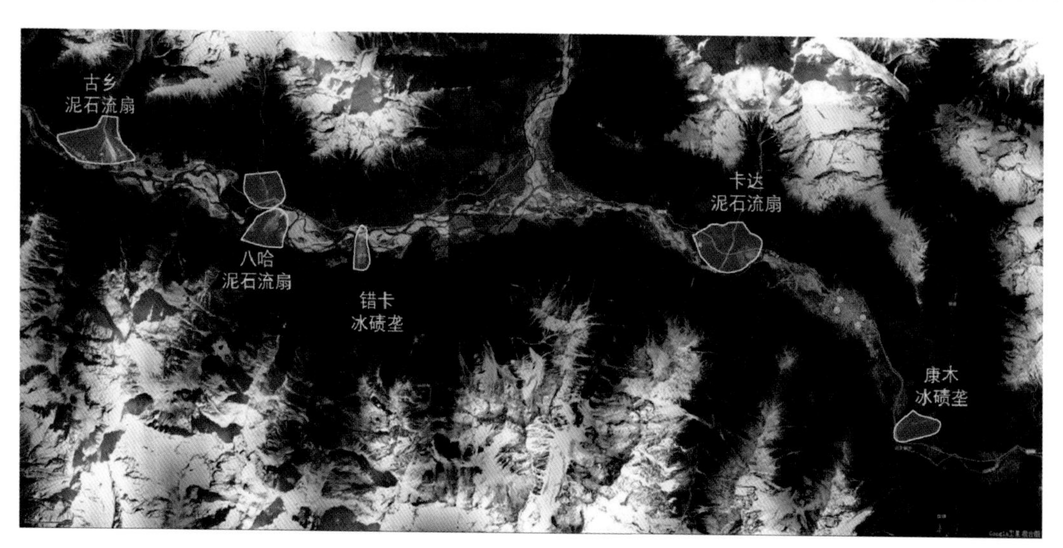

图 2.5 帕隆藏布波密—古乡一带部分泥石流和冰碛堰塞体的卫星影像

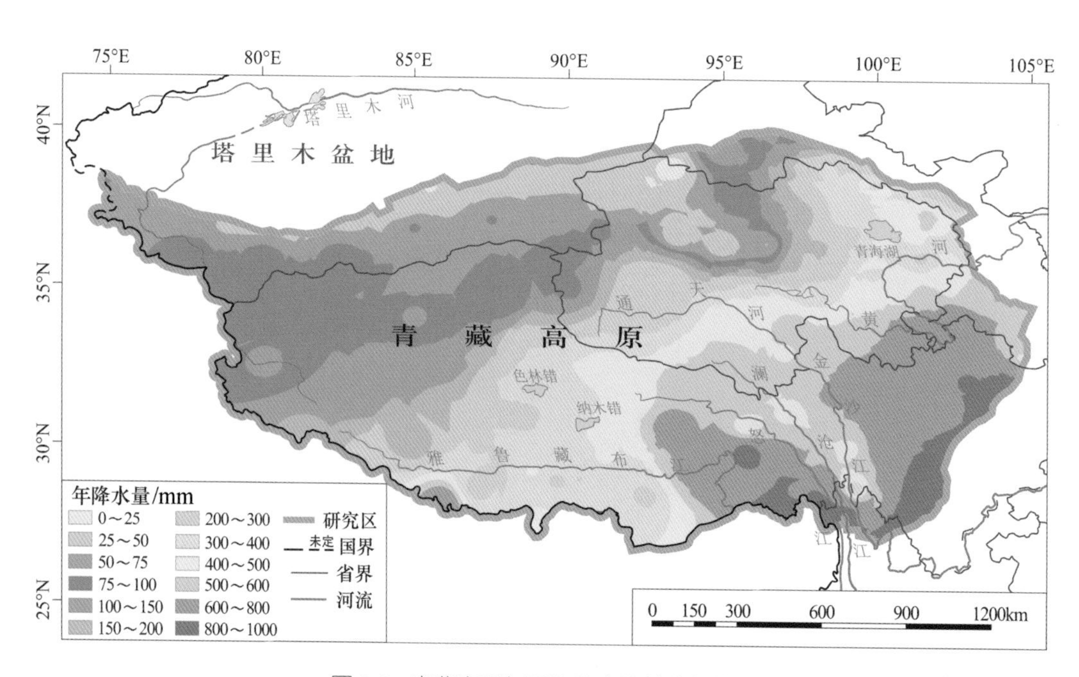

图 2.6 青藏高原年平均降水量的空间格局

据徐新良和张亚庆 (2017) 数据集绘制

换的特征；冰川平衡线高度（ELA）较低，且该位置降水通常大于 1000 mm/a；冰层温度高且处于压力融点状态；冰川运动速度快且裂隙较为发育。该类海洋性冰川对气候变化极为敏感，是研究冰川 - 大气相互作用的理想天然实验场所。

表 2.1　雅江大拐弯区域各气候带气象统计表（杜国梁，2017）

气候带	分类	分布区域	夏季平均气温 /℃	冬季平均气温 /℃	年降水量 /mm
低山热带北缘湿润气候带	希让湿热气候	海拔 500 m 以下	25 ～ 28	12 ～ 16	2500 ～ 4500
	墨脱湿热气候	海拔 500 ～ 1100 m	22 ～ 25	10 ～ 13	2000 ～ 3000
山地亚热带湿润气候带	汉密潮湿气候	海拔 1000 ～ 2000 m	17 ～ 19	4 ～ 6	>2200
	达木温湿气候	海拔 1500 ～ 2200 m	20 ～ 22	4 ～ 6	约 1500
	加热萨暖湿气候	海拔 1300 m 左右	19 ～ 22	6 ～ 10	约 2000
高原温带半湿润气候带	波密湿润气候	3200 m 以下的波密至通麦一带	17 ～ 19	0 ～ 3	800 ～ 1000
	林芝半湿润气候	3500 m 以下的色齐拉山以西一带	15 ～ 17	0 ～ 3	600 ～ 800
	丹娘略干气候	海拔 3000 m 以下的嘎玛至白马狗熊一带	15 ～ 17	–1 ～ –4	<400
山地寒温气候带		海拔 3200 ～ 4000 m	12 ～ 14	–1 ～ –4	3000 ～ 3500
高山寒冷气候带		海拔 3900 ～ 4000 m	6 ～ 7	–8 ～ –9	约 1200
高山寒冻风化气候带		海拔 4300 ～ 4800 m	2 ～ 6	–9 ～ –13	1000 ～ 1500
高山冰雪气候带		海拔 4800 m 以上	<2	<–13	1500

2000 年以后，随着对第三极地区冰川变化的关注及技术手段的进步，越来越多的研究者关注该区域尺度的冰川变化。如辛晓冬等（2009）基于地形图、DEM 和 1988 年、2001 年 Landsat 数据以及 2005 年中巴资源卫星数据，对藏东南然乌湖流域 25 年来冰川和湖泊的面积变化进行了研究，发现 1980 ～ 2005 年然乌湖冰川面积从 496.64 km^2 减少到 466.94 km^2，冰川萎缩了 29.7 km^2，萎缩速率为 1.19 km^2/a，萎缩量占冰川总面积的 5.98%。Yao 等（2012a）分析了青藏高原冰川末端、面积和物质平衡的变化，发现藏东南地区冰川变化幅度相比内地及帕米尔地区更为显著，年均冰量损失接近 1 m；Kääb 等（2015）和 Brun 等（2017）分别利用 ICESAT 卫星资料结合 DEM、两期 ASTER DEM 数据进行冰量变化的空间分析，同样也发现藏东南地区冰量变化幅度最大的事实（图 2.7）。

区域毗邻的 24 K 冰川观测研究发现，冰川末端延伸到海拔 3700 m 处，两侧发育有较为明显的小冰期侧碛垅（图 2.8）。受水汽通道的影响（图 2.9），该冰川区年降水量可达到 2000 ～ 2500 mm，水热发育条件较好，冰川附近发育大量原始森林。该冰川是典型的雪崩补给型冰川，每年 4 ～ 6 月为主要补给期，雪崩发生在粒雪盆后壁，冰川冰下排水系统发育，表面河道较少，融水沿冰裂隙进入冰下排水系统，在冰川末端排泄。冰川在海拔 4000 m 以下发育有大量的冰崖，导致冰川表面呈现较大的地形起伏。

2015 年起，对该冰川进行了详细的冰川 - 气象 - 水文观测。冰川表面共架设 1 套气象站及 7 个温湿度探头，观测冰川表面水热状态及消融能量组成；开展了不同高度带冰川消融量及冰碛厚度观测；同时利用无人机、差分 GPS 等进行了冰面高程和表面运动速度等观测。

20 世纪 80 年代南迦巴瓦峰登山综合科学考察队曾经对该冰川进行了描述：嘎隆拉北坡 2 号冰川南侧雪崩雪延伸到海拔 3900 m 左右的冰碛区，1982 年 8 月和 1983 年 9 月均曾观测到该冰川海拔 3900 m 处雪崩雪厚达 3 m 以上，显然，无论作为季节性积

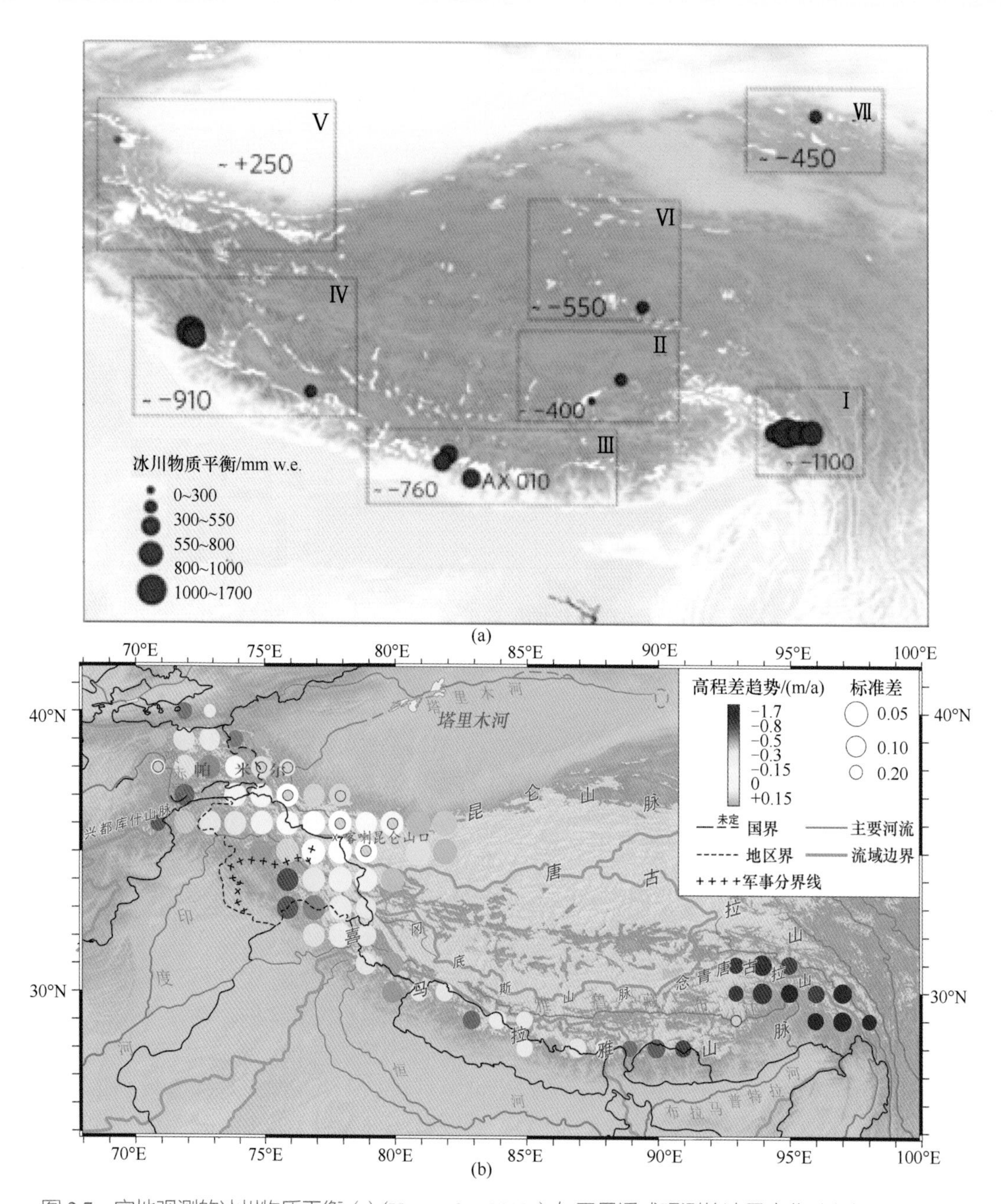

图 2.7 实地观测的冰川物质平衡 (a) (Yao et al., 2012a) 与卫星遥感观测的冰量变化 (b) (Kääb et al., 2015)

(a) 和 (b) 均显示藏东南地区近期冰量显著减少

雪还是多年性积雪，它们对冰川物质平衡均具有积极的作用。近年来，受季风影响的青藏高原东南部冰川的退缩幅度继续减小，一些冰川甚至将表现出某些前进状态（张文敬和谢自楚，1981）。1 号和 2 号冰川表现出明显的前进迹象，尤其是 1 号冰川，新鲜冰碛大范围地超覆在老冰碛上，压倒了生长在老终碛上的树木。位于公路东侧的 4

图 2.8　波密附近 24K 冰川冰碛区整体情况

图 2.9　水汽沿墨脱河谷翻越岗日嘎布山脉进入 24K 冰川

号冰川末端冰崖，在消融期末的 9 月还表现出起立前倾状态，冰川末端压在长草的冰水扇上。1982 ～ 1983 年的观测表明，该冰川末端前进了 6 m。

从 20 世纪 80 年代拍摄的照片（时间段为 1982 ～ 1984 年）（杨逸畴等，1993）和 2018 年照片对比可以看出，24 K 冰川末端发生了明显的后退，通过两期冰川末端的对比，1983 ～ 2018 年 24 K 冰川大约退缩了 142 m，平均每年的退缩量为 4.1 m（图 2.10）。同时，从照片对比也可以看出，冰量呈现明显的减薄。2008 年再次对该冰川进行了实地考察，通过 2008 年和 2018 年的照片对比，对位置进行分析，发现 2008 ～ 2018 年该冰川末端后退约 95 m，平均每年退缩约 10 m。通过标志点位置高程的判读，发现冰川末端冰碛覆盖处的冰量减薄约 19 m，估算每年末端冰川厚度减薄约 1.9 m（图 2.11）。

从 2012 年开始对该冰川物质平衡进行连续观测。由于该冰川为冰碛所覆盖，表面

(a)

(b)

图 2.10　嘎隆拉 24K 冰川 1982 ～ 1984 年拍摄的照片（a）（杨逸畴等，1993）与 2018 年 9 月照片（b）（杨威摄）对比

(a)

(b)

图 2.11　帕隆藏布源头冰碛覆盖 24K 冰川 2008 年 7 月（a）和 2018 年 9 月（b）末端变化对比

冰碛厚度对于冰川的消融及物质平衡造成一定的影响。通过 5 年的物质平衡观测，发现该冰川处于严重的物质亏损状态，5 年间冰量损失达到 10 m 左右水当量（图 2.12）。此外，冰川表面冰碛的厚度及其分布会对冰川物质平衡结构形态产生很大的影响。冰川末端为厚冰碛覆盖，冰川消融损失较小，而在冰川中部薄冰碛覆盖区域，冰川消融及冰量损失幅度较大。同时裸露冰崖在冰川中部的存在，形成许多强消融区域，对冰量的损失贡献较大。

2.2　色东普沟冰崩堵江灾害历史

2.2.1　色东普沟基本环境概况

色东普沟（29°47′7.20″N，94°55′24″E）位于林芝市东侧约 55 km，加拉白垒峰西坡，

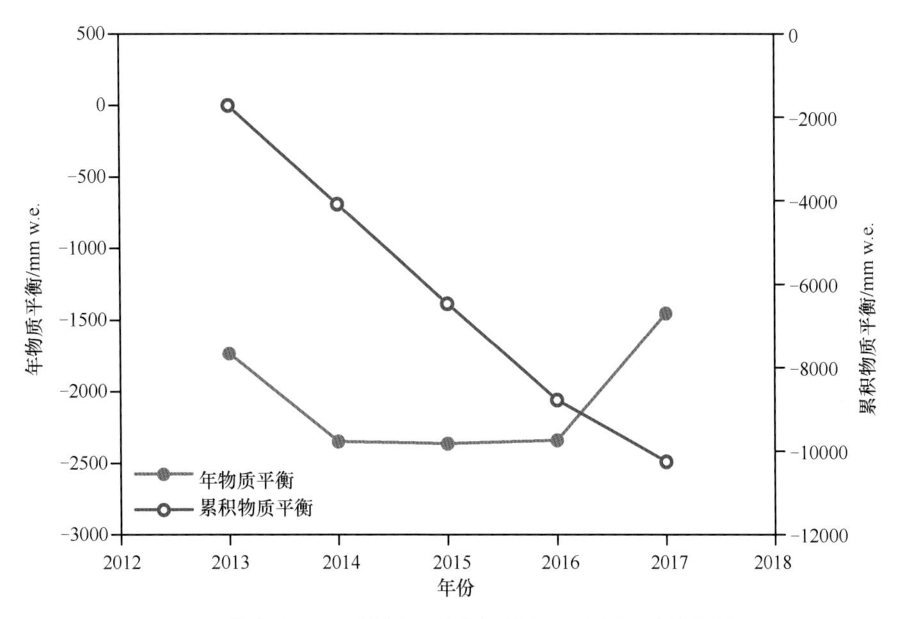

图 2.12　藏东南 24K 冰川表面物质平衡年际和累积变化趋势

雅江下游峡谷地带，行政隶属于林芝市米林县派镇。米林县东南部与墨脱县、隆子县相连，西部与朗县相接，北部与林芝市巴宜区、工布江达县毗邻。米林县公路干线有林邛线、岗扎线、岗派线 3 条，林芝机场距离米林县 12 km。米林县东西狭长，区域地势西高东低，平均海拔 3700 m，山脉纵横，宽谷相间，东南部山高谷深。米林县地处高原温带半湿润季风气候区，年平均气温 8.2 ℃，年均降水量 600 mm，85% 的雨水集中在 6 ～ 9 月，无霜期为 170 天。印度洋与孟加拉湾暖流通过雅江通道涌入，形成亚热带、温带、寒带并存的特殊气候，地震、崩塌滑坡、泥石流、干旱、冰雹和病虫害等多发（刘传正等，2019）。

色东普沟位于雅江左岸，流域面积约 66.89 km^2，高差较大，流域内高程最高点为加拉白垒峰主峰 7294 m，最低点为色东普沟口，海拔 2746 m，高差达 4548 m，平均高程 4540 m，平均坡度约 34.89°（童立强等，2018）。色东普主沟长约 7.4 km，入江处沟口宽度 220 m。流域上游源区地形宽阔，支沟发育，中下游主沟道狭窄。沟道内冰川活动形成的冰碛物丰富，冰雪融水及降水提供的水流充分。沟域上游陡峭，地形纵坡降大，冰川发育，岩土体物理风化严重，侵蚀剥蚀作用强烈。流域内总体坡度较陡，大于 30° 的区域占整个流域 50% 以上，在流域中部有一平均坡度小于 15° 的平坦区域，为冰川和冰碛物主要覆盖区域，由于冰川侵蚀和山体岩崩，该区域覆盖大量冰碛物等碎屑物质，为该流域频繁发生碎屑流的主要物源区（图 2.13）。

色东普流域地形为阶梯状地形，利于碎屑流的形成。上部陡峭区域易于引发岩体和冰雪的崩塌，使得碎屑物崩落不断发生，而中部的平缓区域累积崩塌物质，为碎屑流提供了大量物源，下部较陡区域为碎屑流的高速下滑提供了地形条件，该流域典型的陡—缓—较陡的“阶梯状”地形特征，是碎屑流频繁发生的基础（图 2.14）（童立强等，2018）。

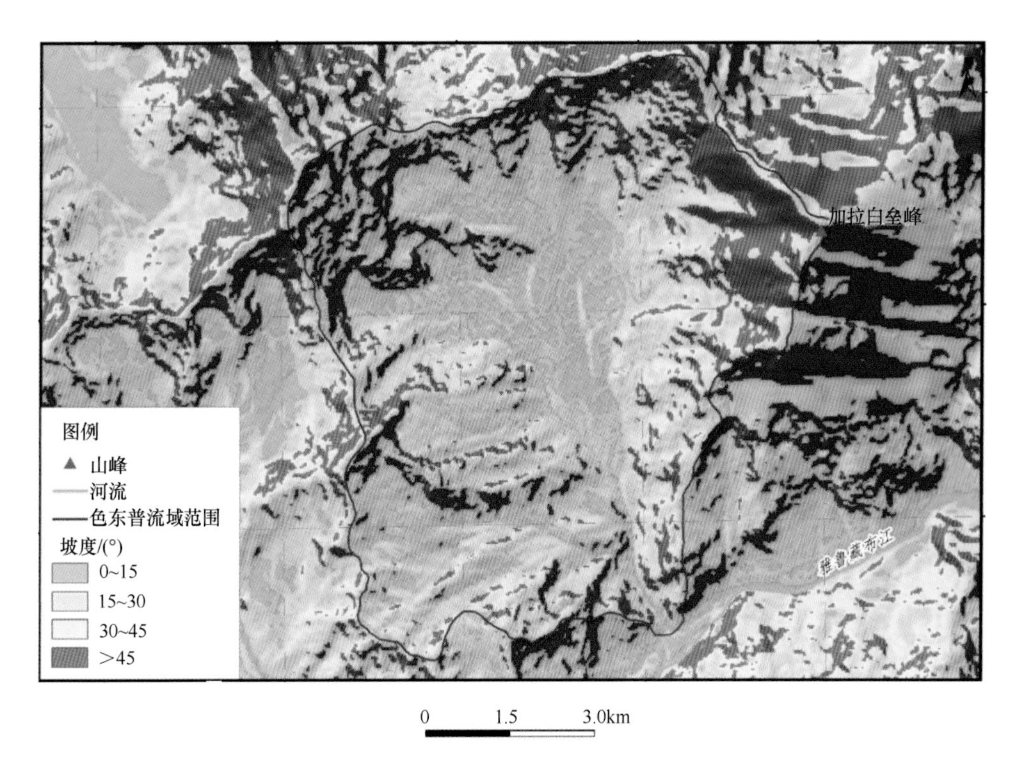

图 2.13　色东普流域坡度分布图（SRTM，30 m）

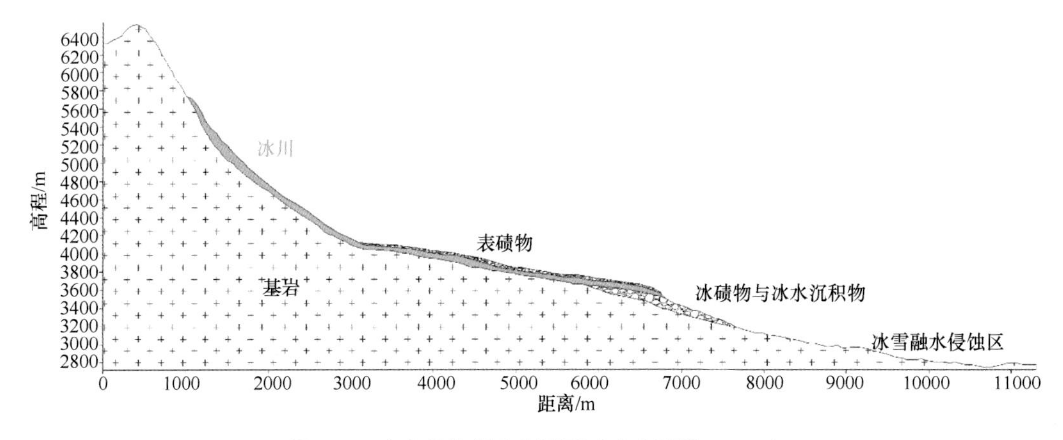

图 2.14　色东普沟纵向剖面图（童立强等，2018）

2.2.2　色东普沟堵江事件历史

对 1984 年以来的卫星遥感影像进行分析，发现色东普沟在 1984 年以前便发生过大规模物质搬运事件，形成了完全堵塞雅江的堰塞坝。1984 ～ 2013 年，色东普沟处于相对稳定状态，并未发生大规模堵江事件。基于遥感影像和现场收集资料，色东普沟

2014 年至 2018 年 10 月 17 日冰崩堵江前，共发生 6 次碎屑流时间，时间分别为 2014 年、2017 年 10 月 22 日、2017 年 11 月初、2017 年 12 月底、2018 年 1 月、2018 年 7 月 26 日。6 次碎屑流时间可以 2017 年 11 月 18 日林芝地震为时间节点分为两个阶段，震前 3 次、震后 3 次，地震前后碎屑流堵江模式有所差异，震前碎屑流在色东普沟口堆积后很快被雅江冲开，较宽溢流口一直保持较好的扇形状态，使得雅江一直处于大部分堵塞状态，故较小规模碎屑流则可引发再次堵江（刘传正，2018；童立强等，2018）。

2014 年色东普沟发生了一次大规模的堵江事件，对比 2013 年和 2014 年的遥感影像可知 2014 年色东普沟发生了碎屑流，流域下部有明显的铲刮痕迹，雅江对岸植被消失，沟内冲出的固体物质覆盖了原来堵塞体超过 1/2 的面积，并最终仍从左侧发生溃决（图 2.15）。

(a)2013年12月24日

(b)2014年10月25日

图 2.15　色东普沟 2014 年堵江前后卫星影像

2015 ～ 2016 年该沟未发生堵江事件。但通过多期卫星遥感影像监测，该沟在 2017 年 10 月 20 ～ 27 日发生了大规模的堵江事件（图 2.16），导致林芝鲁朗附近发生地表震源为 0 km 的 4.0 级地震。堵江造成雅江水位上涨，洪水下泄之后冲刷沿江两岸山体，破坏植被，下游水体出现浑浊（童立强等，2018）。

2017 年 10 月 27 日至 11 月 3 日，遥感影像显示色东普沟再次发生碎屑流事件，但本次碎屑流规模较小，未形成堵江事件（图 2.17）（童立强等，2018）。

2017 年 12 月下旬，色东普沟再次发生冰崩事件，导致碎屑物再次堵塞雅江形成堰塞湖。此次冰崩灾害发生在 2017 年 11 月 18 日林芝地震以后，时间在 2017 年 12 月 21 日下午，堵江时间为 3 天，在沟口可见完整堆积扇，导致河道进一步变窄，水位再次上涨。经冰崩灾害前后两期遥感影像对比，发现色东普沟上游部分冰川移动且冰湖消失，表明上部冰川垮塌是此次堵江事件的主要触发因素（图 2.18）。

(a)2017年10月20日

(b)2017年10月27日

图 2.16　色东普沟 2017 年 10 月堵江事件前后沟口 Planet 卫星影像

2018 年 1 月，德兴水文站雅江水量出现突然减小随后又迅速增大的情况，推测雅江上游色东普沟再次发生碎屑流堵江事件。

2018 年 7 月 24 ～ 26 日，色东普沟发生碎屑流事件，由于此次灾害较小，未形成堵江事件，仅能够看到在原堆积体表层覆盖大量新的碎屑物质。该区域云雾较多，导致仅有河谷出露，山体均被云遮盖，无法获取色东普上游冰川情况，但依据历史数据推测此次灾害仍为冰崩碎屑流事件（图 2.19 和图 2.20）（童立强等，2018）。

对比 6 次堵江事件，2014 年、2017 年 10 月和 2017 年 12 月三次堵江规模较大，对比这三次堵江堰塞体遥感影像（图 2.21），2017 年 10 月堵江堰塞体积最大。

通过多期历史卫星遥感数据分析，1988 年色东普沟周边冰川整体呈退化趋势，最大后退达 3500 m（图 2.22）。冰川退化后，使得大量冰碛物堆积在沟道内，为大规模堵江事件发生提供了丰富的物源。此外，后缘残留冰川可见发育大量拉张裂隙

图 2.17　2017 年 11 月 3 日色东普沟遥感影像（童立强等，2018）

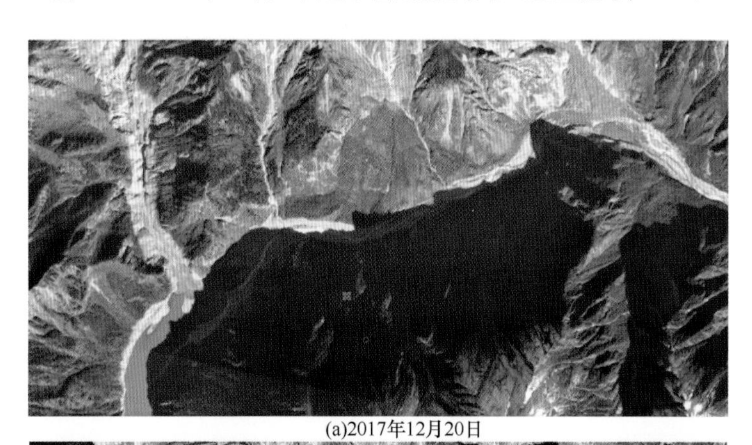

(a)2017年12月20日

(b)2017年12月28日

图 2.18　色东普沟 2017 年 12 月堵江事件前后沟口 Planet 卫星影像

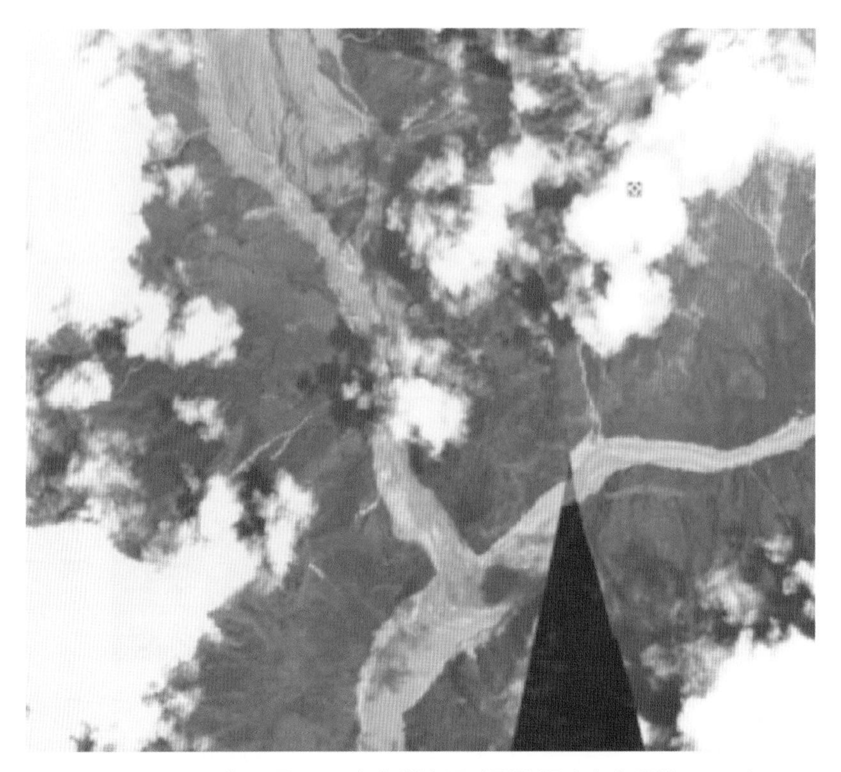

图 2.19　2018 年 7 月 24 日色东普沟遥感影像图（童立强等，2018）

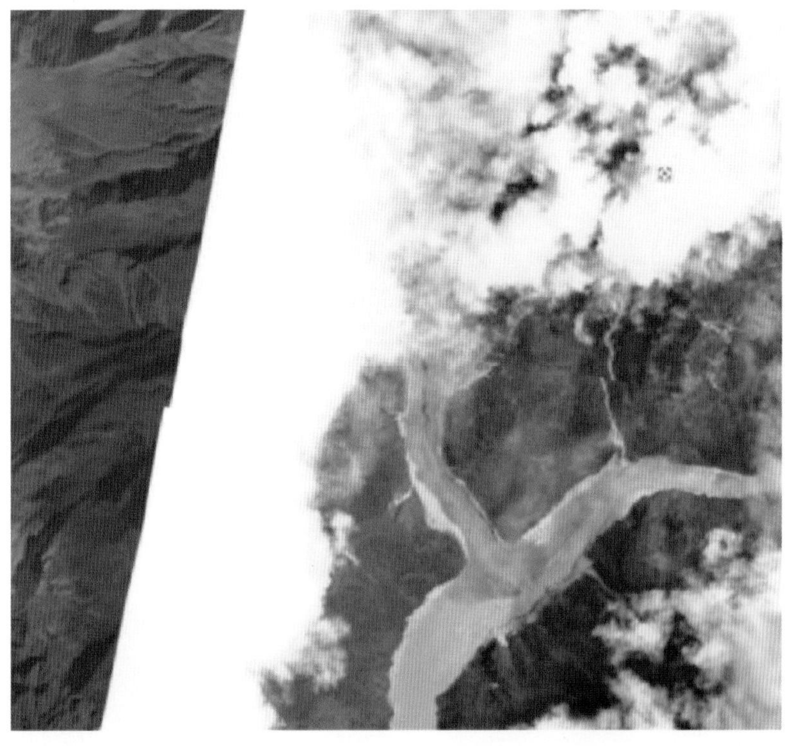

图 2.20　2018 年 7 月 26 日色东普沟遥感影像图（童立强等，2018）

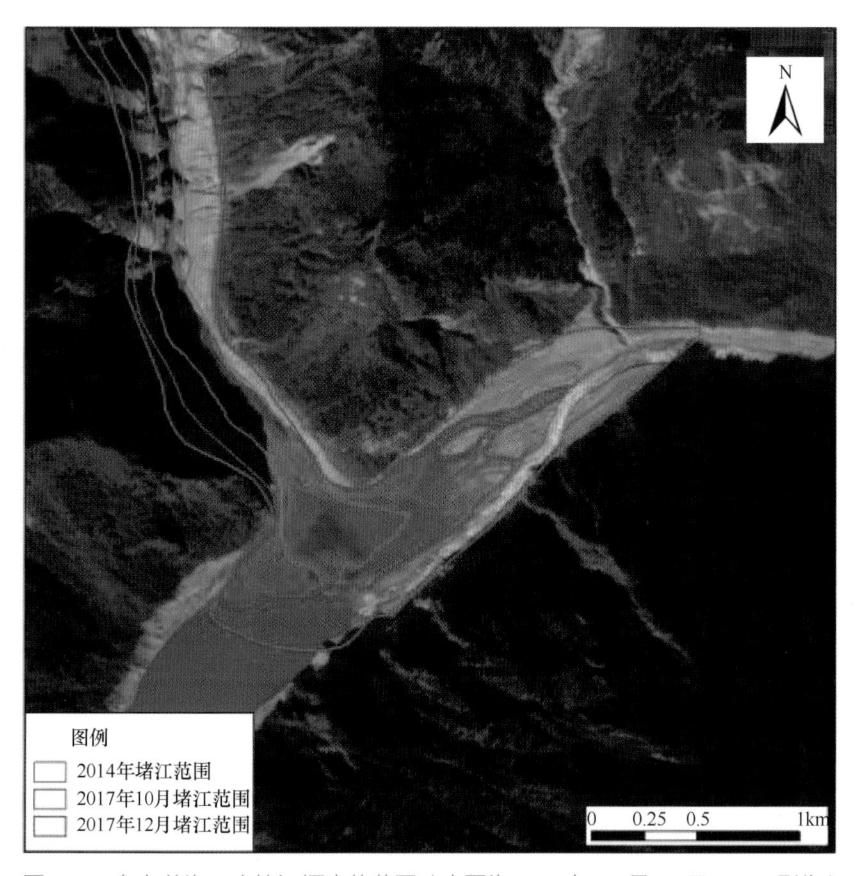

图 2.21　色东普沟三次堵江堰塞体范围（底图为 2017 年 12 月 28 日 Planet 影像）

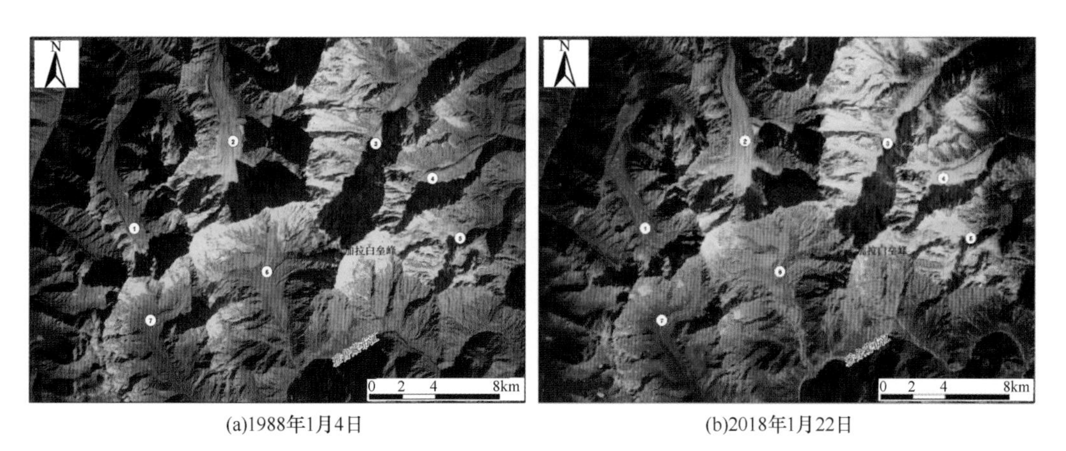

图 2.22　色东普沟周边冰川变化

（图 2.23），很容易发生冰崩灾害（图 2.24 和图 2.25）。而一旦发生大规模冰崩，冰崩体将冲击并铲刮沟道内的冰碛物向下游运动，从而发生大规模堵江事件。该区域在 2017 年 10 月和 12 月发生的两次冰崩，致使色东普沟支流河道加宽，雅江主河面改道，是本次雅江堵塞的重要背景因素。

图 2.23　色东普沟后缘冰川裂隙

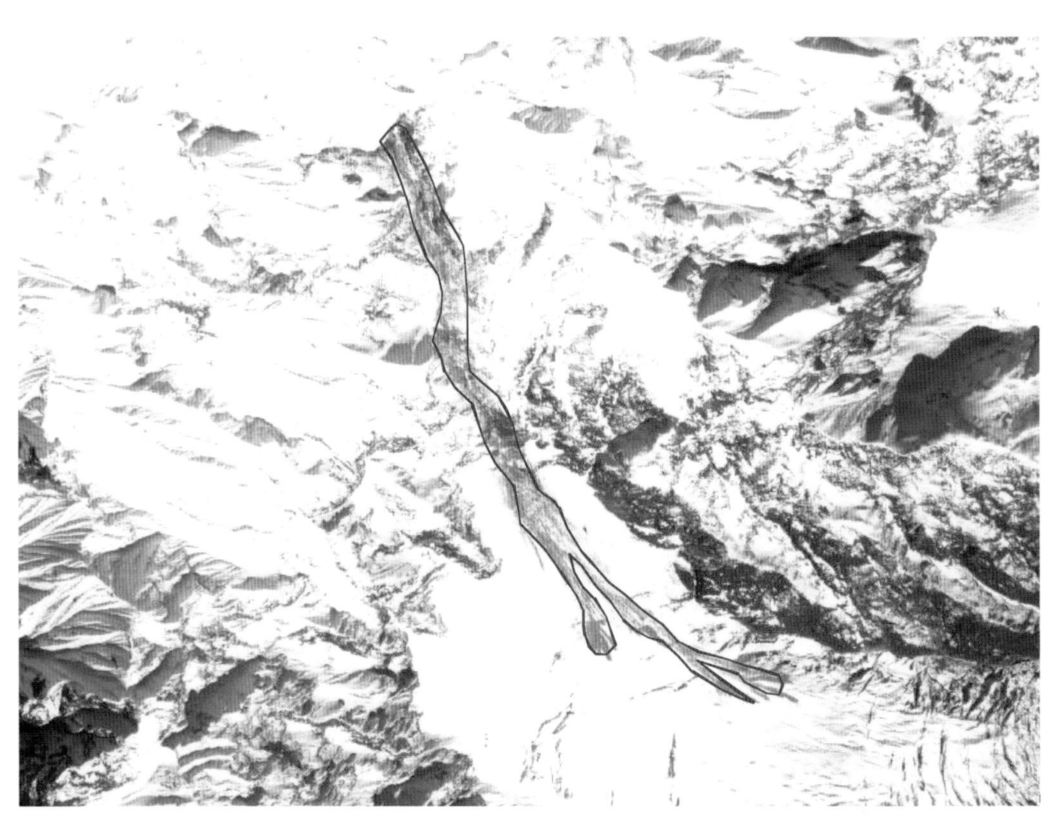

图 2.24　色东普沟后缘发生的小规模冰崩（2001 年 12 月 23 日卫星影像）

此外，从三幅分别获取于 2018 年 7 月 9 日、2018 年 8 月 26 日及 2018 年 9 月 19 日的 Sentinel-1A SAR 影像（图 2.26）可以看出，该冰川在 7 月仍然保持着较为完整的冰舌形态，但此时前端已经明显增厚，随着跃动 / 冰崩临界点的到来，处于分岔岩体东侧的冰体首先发生崩塌并加速向下运动，在下游部分形成了明显的物质空洞。前端的崩塌造成上游物质的稳定状态被快速破坏，空洞区域在 9 月持续扩张，此时已明显可

图 2.25　色东普沟后缘发生的较大规模冰崩堆积（2001 年 12 月 23 日卫星影像）

以看到下游河道部分堵塞。同时，结合 ALOS-2/PALSAR 在 2018 年 5 月 10 日和 2018 年 10 月 25 日分别获取的 L 波段 SAR 影像发现滑坡前后色东冰川东支中部物质快速流动造成冰面外观显著改变，有大量冰碛出现（图 2.27）。

为进一步探测该冰川在冰崩前的动态变化，采用 SPOT、GF-2、Planet 及 Google 影像等多种光学历史和最新影像，以及 ALOS-2/PALSAR、Sentinel-1 等 SAR 影像序列进行了定性分析（图 2.28）。影像序列清晰显示色东冰川在 2011 ～ 2018 年至少发生三次跃动 / 冰崩。第一次跃动发生在 2012 ～ 2015 年。可以看到，2012 年东支上游积累区发生的大面积冰崩造成大量物质逐渐向下快速转移。这部分跃动冰体的前段（见红色曲线）在 2012 ～ 2015 年持续向前推进。2015 ～ 2016 年的高分影像以及 2017 年的 SPOT6/7 影像显示，此时冰川处于平静期。

2018 年 9 月和 10 月的两景 Planet 影像显示色东冰川东支连续发生两次跃动 / 冰崩。第一次的规模要大于第二次。结合流速图来看，这两次跃动 / 冰崩应该分别发生在 8 ～ 9 月和 9 ～ 10 月两个时段。第二次规模虽然相对小一些，但很有可能是 2018 年 10 月 17 日雅江堵塞事件的直接原因。因为从 2018 年 10 月 27 日 Planet 影像来看，冰川中部出现新的表面叠加冰流。上一次跃动冰体的前端、东支末端分叉处的西子支流、冰川前端均已被冰碛和泥沙淹没。但从 2018 年 9 月 18 日 Planet 影像上来看，这一次跃动 / 冰崩规模较大，东支末端分叉处的西子支流表面径流清晰可见，河道轮廓完整，冰川前端可见冰雪混合物。因此，极有可能是第二次源自东支中游的跃动 / 冰崩推动中部以下的冰碛前进，造成下游河谷堵塞。而 2018 年 10 月 27 日 Planet 影像显示的色东冰川东支末端分叉处的西子支流被淹没、东子支流基本无变化也和本书的流速结果完美呼应（图 2.28）。

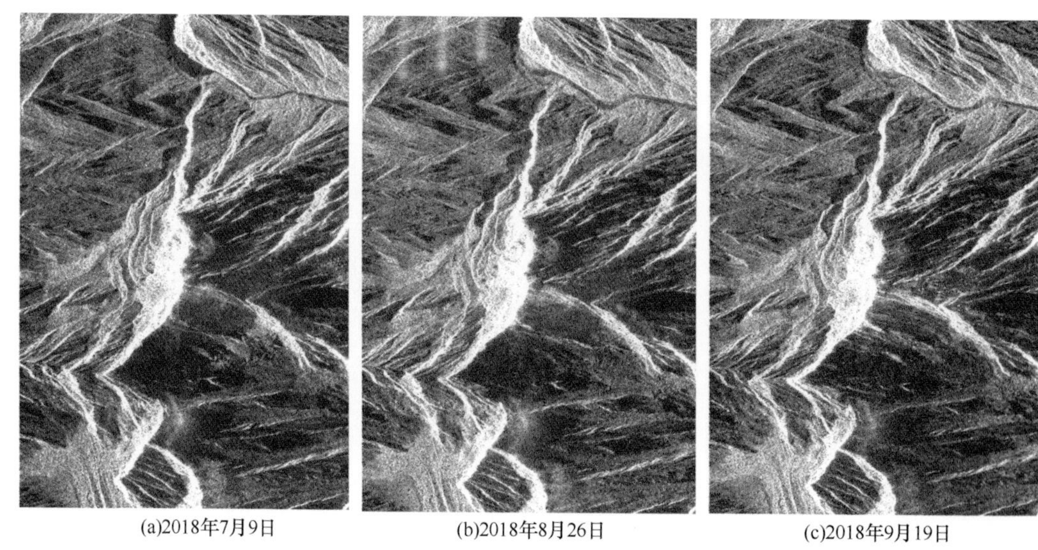

图 2.26 色东冰川下游原始 Sentinel-1A 影像

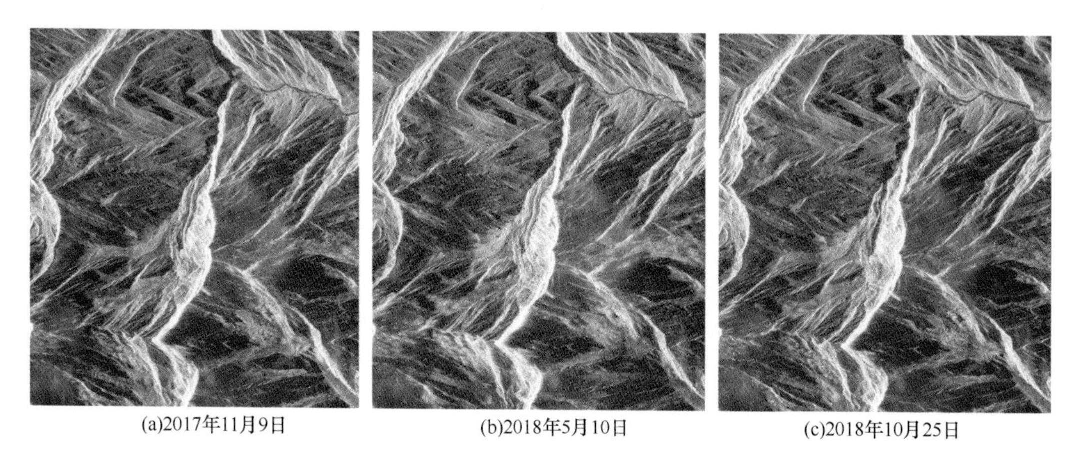

图 2.27 色东冰川下游原始 ALOS-2/PALSAR 影像

2.2.3 冰崩堰塞湖溃决洪水水位

第四纪冰期时，由于雪线下降，冰川范围扩大，南迦巴瓦峰发育的冰川曾伸入雅江谷底。据研究，由于南迦巴瓦峰北坡的冰碛物伸入雅江，曾在 9000 ～ 8000 BC（早全新世）前形成湖面高程约 3530 m、面积 2835 km^2、出口达到 680 m 深、蓄水量达 832 km^3 的堰塞湖，根据经验公式计算的溃决洪水洪峰流量可达 5×10^6 m^3/s；在 260 ～ 900 年形成湖面高程约 3088 m、面积 789 km^2、出口达到 240 m 深、蓄水量达 80 km^3 的堰塞湖，溃决洪水洪峰流量可达 1×10^6 m^3/s（图 2.29）(Montgomery et al., 2004)。

(a)色东冰川2011年Google影像

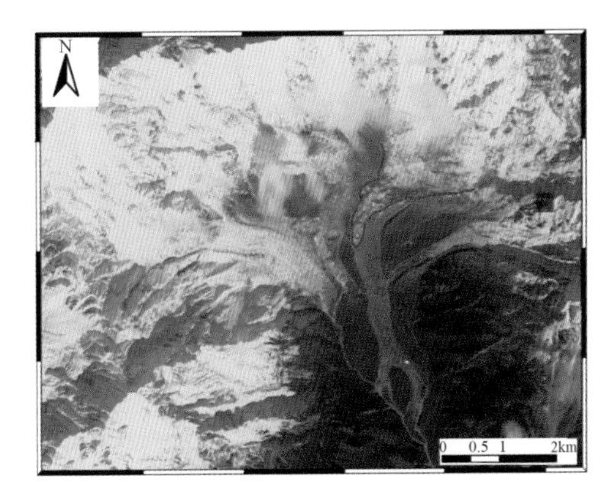

(b)色东冰川2012年Google影像

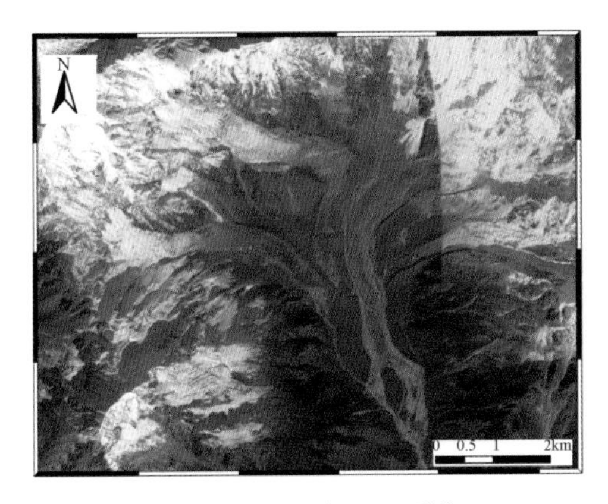

(c)色东冰川2014年Google影像

(d)色东冰川2015年Google影像

(e)色东冰川2015年11月21日GF-2影像

(f)色东冰川2016年9月10日GF-2影像

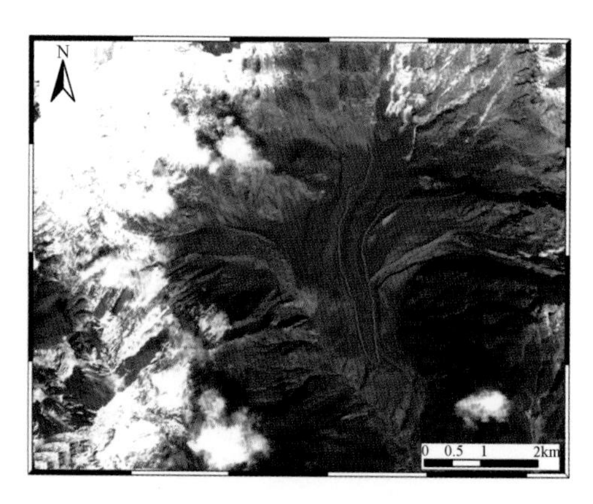

(g)色东冰川2017年10月29日SPOT-6影像

(h)色东冰川2017年12月12日SPOT-6影像

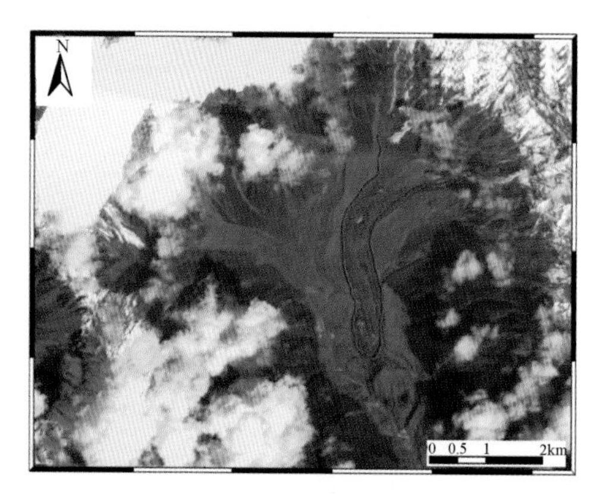

(i)色东冰川2018年9月18日Planet影像

(j)色东冰川2018年10月27日Planet影像

图 2.28　色东冰川滑坡前的动态变化

A 表示上一次跃动冰体的前端；B 表示东支末端分叉处的西子支统；C 表示冰川前端

本次应急科考中，考察队在墨脱林多—地东段考察期间，发现一些巨大洪水沉积的地层记录。在林多南 2 km，墨脱公路高于河床约 110 m，公路边采砂场（～ 900 m 高程）挖掘暴露出厚度超 30 m（未见底）分选很好、具平行层理的砂砾层（图 2.30 和图 2.31）。此外，在雅江右岸德兴乡所在的平台顶部，也发现有类似沉积。

此外，本次考察中墨脱县雅江的地东、德兴和林多三个断面发现了 2000 年易贡藏布溃决洪水的水位痕迹。

1. 背崩乡地东下游断面

根据卫星影像及野外观察，2000 年易贡藏布溃决洪水流量远大于此次（图 2.32），断面宽度近 500 m（图 2.33 和图 2.34），未能测得高出河面高度。

根据洪痕，本次溃决洪水断面 251 m 宽，高于退水后正常水面 10 m。在原河漫滩上堆积具有平行层理的粗砂近 4 m，砂层堆积顶面仍低于树干上披挂的漂浮物指示的最高洪水水位 2 m 左右（图 2.35）。因此，在恢复古洪水断面时，应用洪水沉积物顶面恢

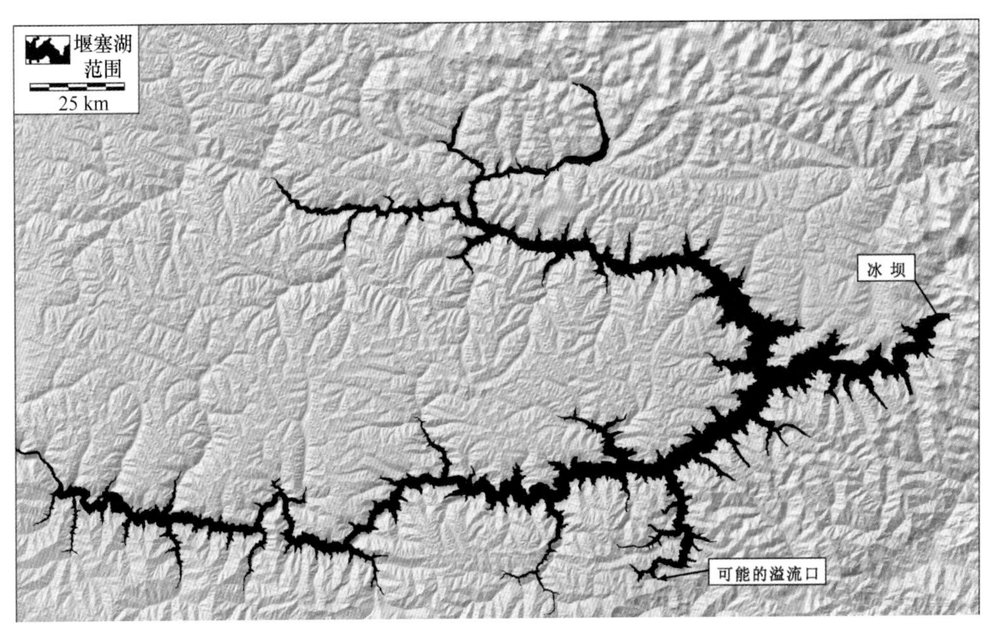

图 2.29　美国华盛顿大学学者恢复的早全新世因南迦巴瓦峰北侧冰碛物伸入雅江形成的巨大堰塞湖范围（Montgomery et al.，2004）

图 2.30　墨脱林多南 2 km 墨脱公路边采砂场所在的平台（用浅黄色表示）

复的断面小于真实的过水断面。

2. 德兴断面

在德兴附近，同样可以观察到易贡藏布 2000 年溃决洪水之后，被侵蚀的岸坡上植被恢复情况。2018 年 10 月 19 日洪水水位远低于 2000 年易贡藏布溃决洪水（图 2.36）。

图 2.31 墨脱林多南 2 km 墨脱公路边采砂场出露的 30 m 厚的砂层（具平行层理，推测为巨大溃决洪水沉积）

图 2.32 墨脱县背崩乡地东下游河流断面

镜头朝向上游。采砂设备及左侧堆场应为开采 2000 年易贡藏布溃决洪水沉积砂层。2018 年 10 月 19 日洪水水位在右岸达到简易道路附近，左岸为无植被的岸坡顶部

图 2.33　墨脱县背崩乡地东下游断面 2002 年 10 月 7 日卫星影像（Google Earth）
量测侵蚀区，2000 年易贡藏布溃决洪水此处断面宽度近 500 m

图 2.34　地东下游断面易贡藏布 2000 年溃决洪水侵蚀痕迹被后生植被清晰指示

图 2.35　2018 年 10 月 19 日洪水带来的漂浮物悬挂在树干上（高于沉积的砂层顶部 2 m 左右）

图 2.36　墨脱县德兴站断面
2000 年易贡藏布溃决洪水线以河流左岸（对岸）纯林指示

3. 林多断面

根据漂木、伏草等位置代表的洪痕测量，2018 年 10 月 19 日溃决洪水水位高于水面约 19 m，在河流右岸保存了 2000 年易贡藏布溃决洪水的砂层堆积（图 2.37 和图 2.38）。

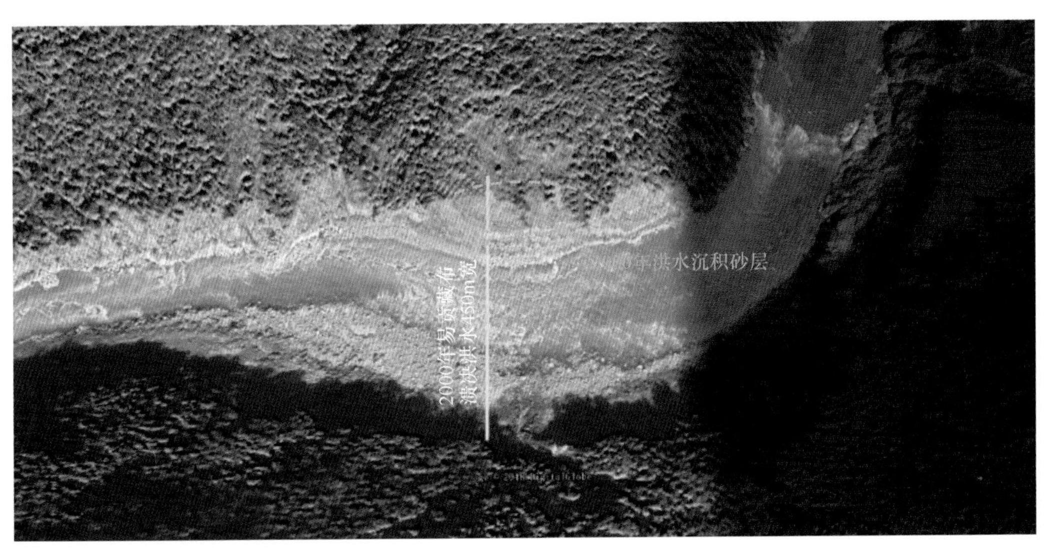

图 2.37　墨脱县林多断面

2001 年 10 月 29 日卫星影像，显示 2000 年易贡藏布溃决洪水断面宽 450 m 以上

图 2.38　墨脱县林多断面河流右岸

2000 年易贡藏布溃决洪水水位，砂层堆积。2018 年 10 月 19 日水位高于现水面约 19 m

雅江墨脱境内林多（雅江与其支流金珠曲的汇口）以下至背崩乡地东村两岸，2018 年 10 月 19 日堰塞湖溢流后形成的洪峰，对岸坡的稳定性破坏很小，没有激发滑坡活动，仅有零星小规模的塌岸，基本上没有造成直接灾害。但是，不容忽视的是，这一区域曾经发生过超出本次溃决洪水规模一个甚至两个数量级的溃决洪水事件，需要在防灾减灾工作中加以重视。

2.2.4 气候变化背景

对冰崩堵江点周围附近的三个气象观测站：波密站（29°52′N，95°46′E）、林芝站（29°40′N，94°20′E）、米林站（29°13′N，94°13′E）（图 2.39 ～图 2.42）和一个水文观测站[奴下（29.23°N，94.57°E）] 进行了气温、降水和径流变化趋势的分析。发现 1981 ～ 2017 年，波密站、林芝站、米林站的 10 月气温均分别以 0.0194 ℃ /a、0.0211 ℃ /a、0.0295

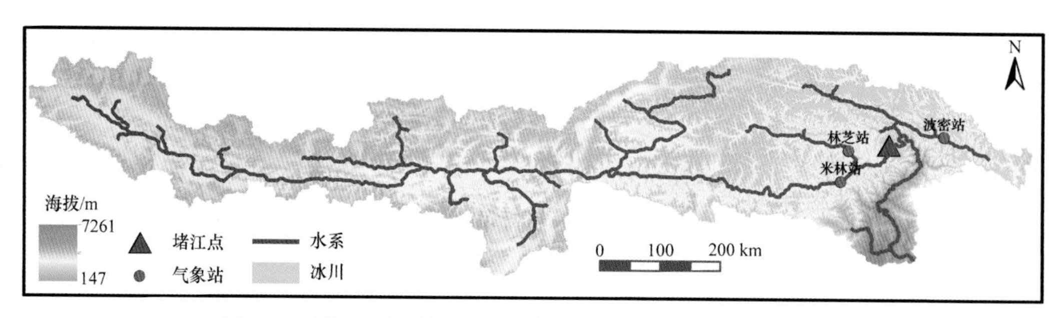

图 2.39　雅江流域内气象站点分布图（三角形代表冰崩地点）

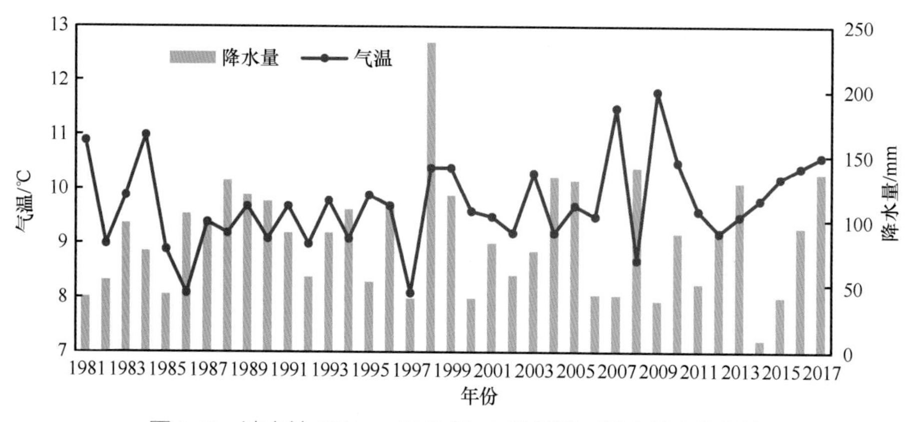

图 2.40　波密站 1981 ～ 2017 年 10 月气温、降水量变化趋势

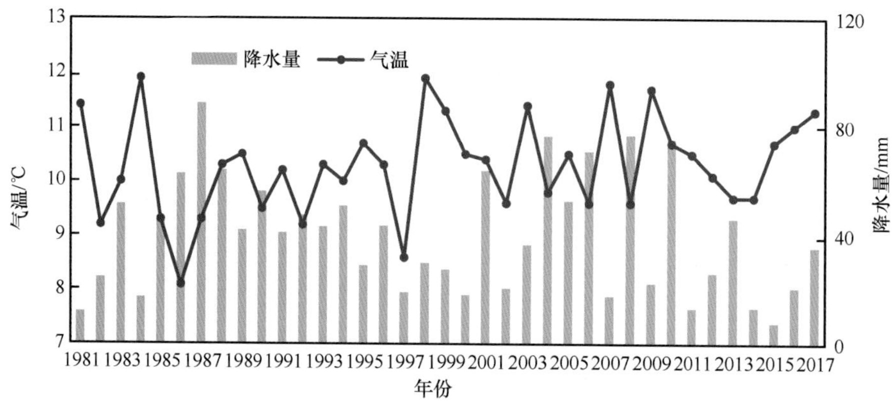

图 2.41　林芝站 1981 ～ 2017 年 10 月气温、降水量变化趋势

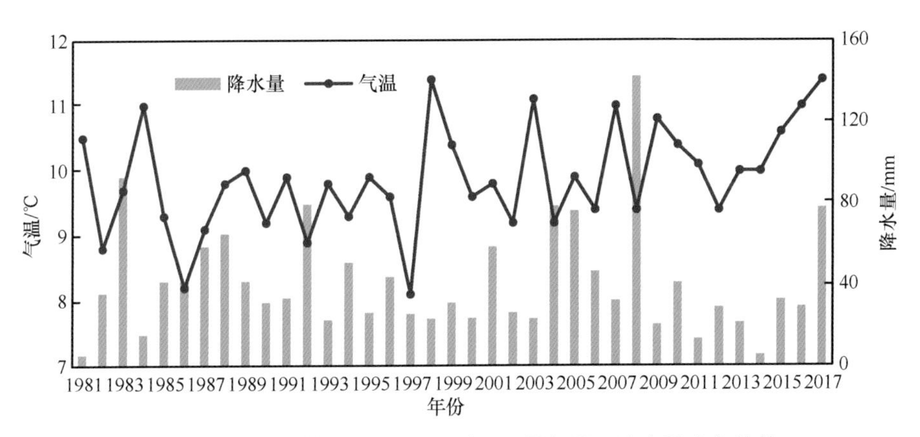

图 2.42　米林站 1981 ～ 2017 年 10 月气温、降水量变化趋势

℃ /a 的速率上升，明显高于全球气温平均增幅，从图 2.41 和图 2.42 看出，林芝站和米林站自 2015 年起气温加速上升，预测 2018 年 10 月的气温可能也是继续上升。从图 2.40 可以看出波密站 1997 ～ 1998 年降水变化明显。通过对 37 年的 10 月平均降水量进行分析可知波密站 10 月降水量达 87.94 mm，而林芝站和米林站为 40 mm 左右。与林芝站和米林站相比，波密站降水量较大且于 1998 年出现极大值，2014 年出现极小值。整体而言，过去 37 年内，三站降水量均呈下降趋势，其中林芝站最为显著，且降水量以 0.34 mm/a 的速率持续减少。而米林站降水量减弱速率较为缓慢，趋势为 0.041 mm/a，波密站降水量以 0.094 mm/a 的速率减小。三站降水量自 2005 年起变化趋势较为明显，出现明显的极大值与极小值。

堵江点上游邻近的奴下站 1960 ～ 2017 年年径流量长期变化趋势以及累积距平曲线如图 2.43 和图 2.44 所示。奴下水文站断面多年平均径流量约为 $576.4\times10^8\ m^3$，多年径流量总体呈波动变化，变化趋势不显著（$P>0.05$）。1962 ～ 1997 年，年径流量呈显著下降趋势（$P<0.05$），1998 ～ 2000 年年径流量较高，2001 ～ 2017 年年径流量变化较为平稳。

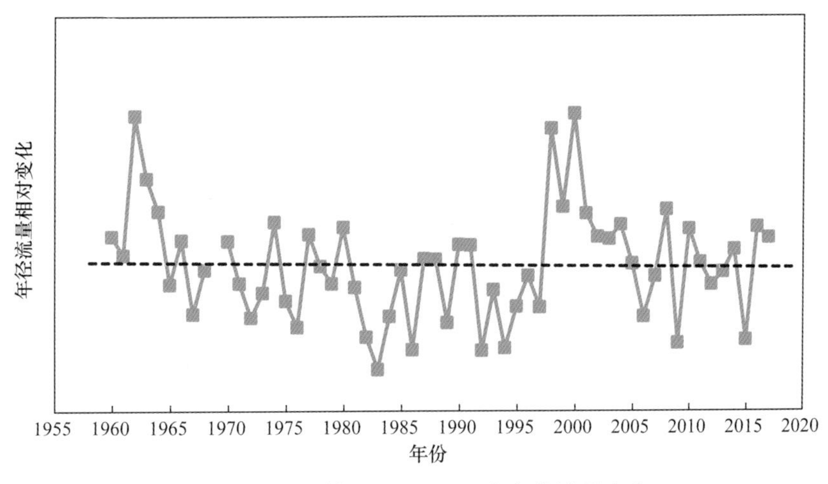

图 2.43　奴下站 1960 ～ 2017 年年径流量变化

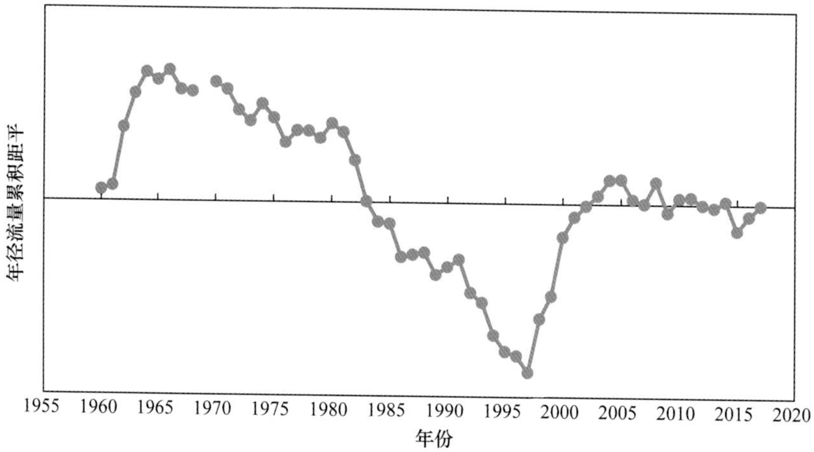

图 2.44　奴下站 1960 ～ 2017 年年径流量累积距平曲线

从图 2.45 奴下站 1960 ～ 2017 年月径流量分布来看，12 月至次年 4 月间径流处于基流水平。奴下站洪峰流量主要集中在 6 ～ 9 月，占年总径流量的 60% 左右，径流量的峰值一般出现在 8 月。

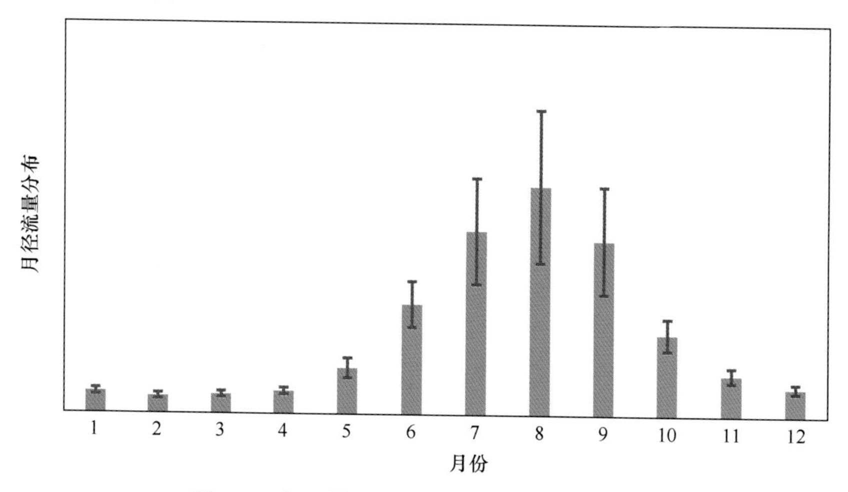

图 2.45　奴下站 1960 ～ 2017 年月径流量分布

奴下站 1956 ～ 2017 年同期输沙量的变化趋势以及累积距平曲线如图 2.46 和图 2.47 所示。奴下站断面多年平均输沙量约为 10.4×10^6 t，除 2002 ～ 2003 年输沙量极高外，多年输沙量总体呈波动变化，变化趋势不显著（$P>0.05$）。

从图 2.48 奴下站 1960 ～ 2017 年月输沙量分布来看，其季节变化与径流量的季节变化基本一致，输沙过程主要发生在 7 ～ 9 月，其间输沙量约占全年总输沙量的 80%，输沙量的峰值也出现在 8 月。

然而，从近期（1981 ～ 2017 年）堵江事件发生季节的径流分析来看，奴下站的径流量是持续增加的，大约以每年 17 m^3/s 的速率在增长（图 2.49）。特别是近几年来，径流变化与周边降水的变化有较好的一致性。此次堰塞湖水位的急剧增长，不仅与降

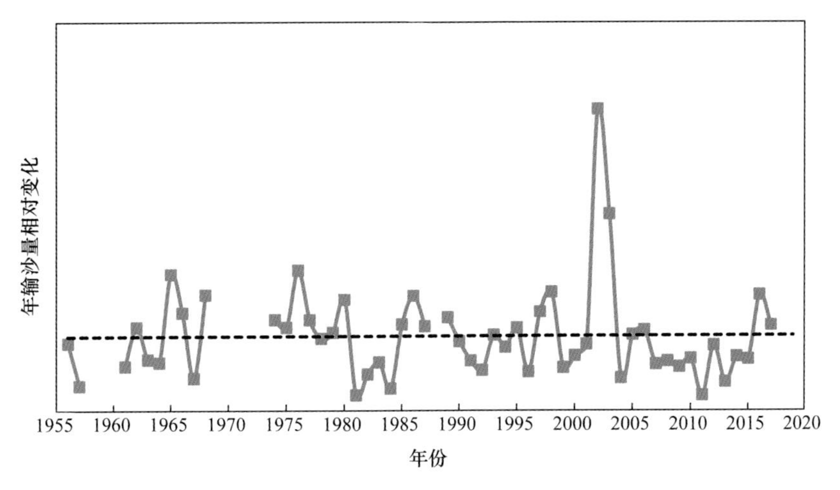

图 2.46　奴下站 1956 ～ 2017 年年输沙量变化趋势

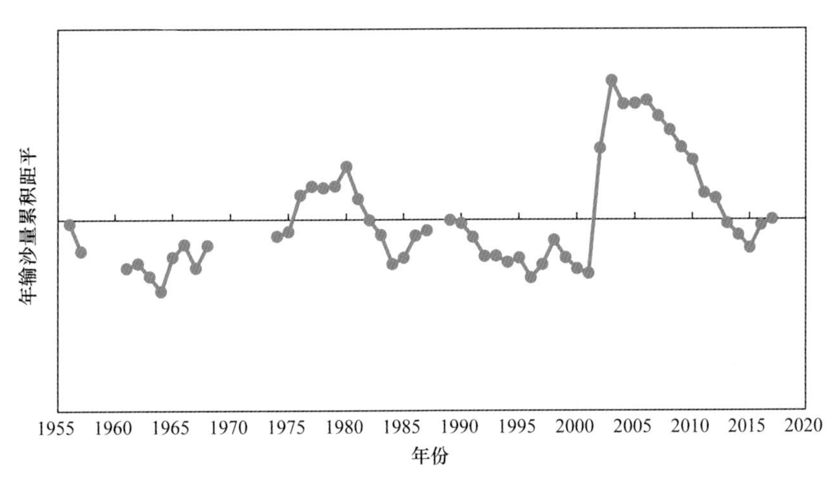

图 2.47　奴下站 1956 ～ 2017 年年输沙量累积距平

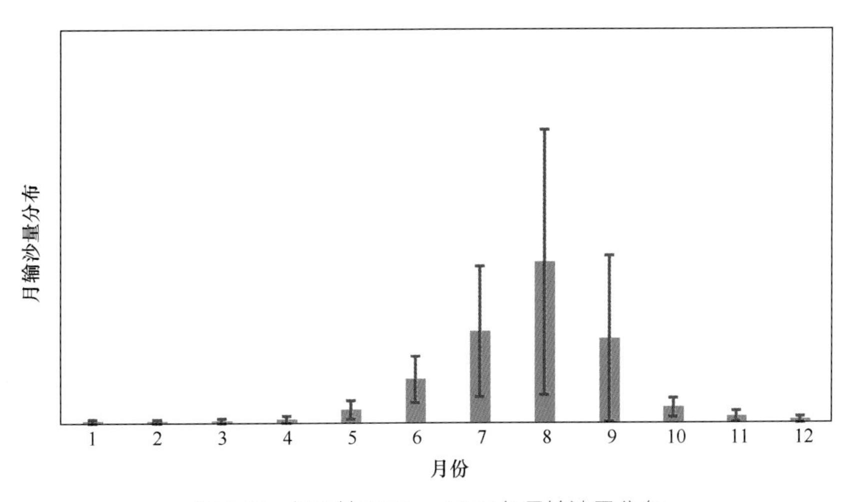

图 2.48　奴下站 1960 ～ 2017 年月输沙量分布

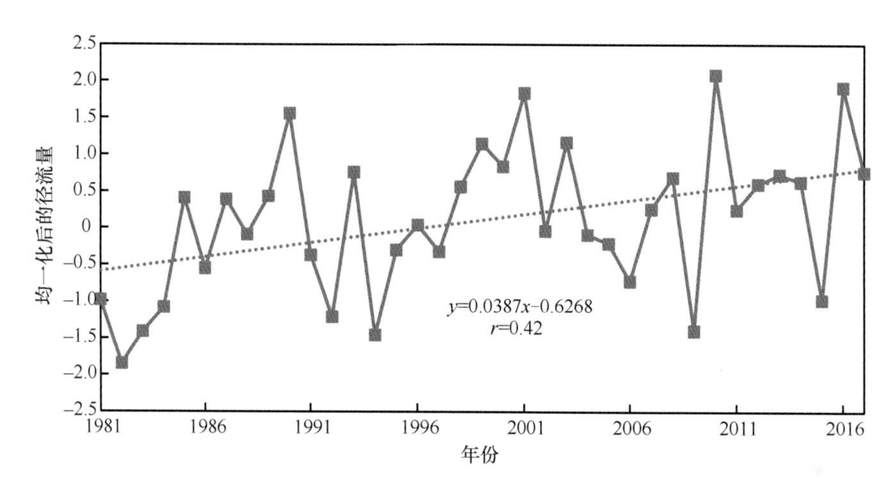

图 2.49 奴下站 1981 ～ 2017 年 10 月径流量变化趋势

水有关，气温的持续增高引起的冰川融水的增加以及冻土的退化等可能也是需要我们考虑的因素。

2.2.5 地震活动历史

根据中国地震台网目录记载，1970 年 1 月 1 日至 2019 年 9 月 30 日共发生 3 级以上地震 2270 次，4.5 级以上地震 234 次，6 级以上地震 27 次。20 世纪以来发生的较大地震包括 1950 年 8 月 15 日 M_s=8.6 级察隅—墨脱地震、1947 年 7 月 29 日 M_s=7.7 级朗县东南地震、2017 年 11 月 18 日 M_s=6.9 级米林县地震（图 2.50）。

1. 察隅—墨脱 8.6 级地震

北京时间 1950 年 8 月 15 日 22:09 在西藏墨脱—察隅交界一带发生了 M_s=8.6 级地震，这是我国有历史记录以来的最大地震，震中察隅县城烈度高达Ⅺ度，造成近 4000 人死亡，整个青藏高原及其毗邻的印度、缅甸一带均有明显震感。李保昆等（2015）结合余震分布确定了该地震的震中位置和震源机制解，震源的经纬度为（28.65°N，96.68°E），两个节面的走向 / 倾角 / 滑动角分别为（40.31°/75.80°/26.97°，303.2°/63.92°/164.15°）。初期余震大多位于察隅地区，呈现北西西向条带分布，此后逐渐扩展到印度和缅甸等地区。总体来看，其余震序列不是简单地沿某一断裂分布，而是显示出分区分时段的特征。

2. 朗县东南 7.7 级地震

北京时间 1947 年 7 月 29 日 21:43 在西藏朗县东南部发生了 M_s=7.7 级地震，该地震震中地区人口密度较低，所以造成的损失不大。地震定位获得的震中经纬度为（28.5363°N，93.6220°E），是走滑型震源机制解，两个节面的走向 / 倾角 / 滑动角分别为（285°/83°/6°，195°/84°/172°），是断层面近于直立的走滑型地震，北北东向节面和藏

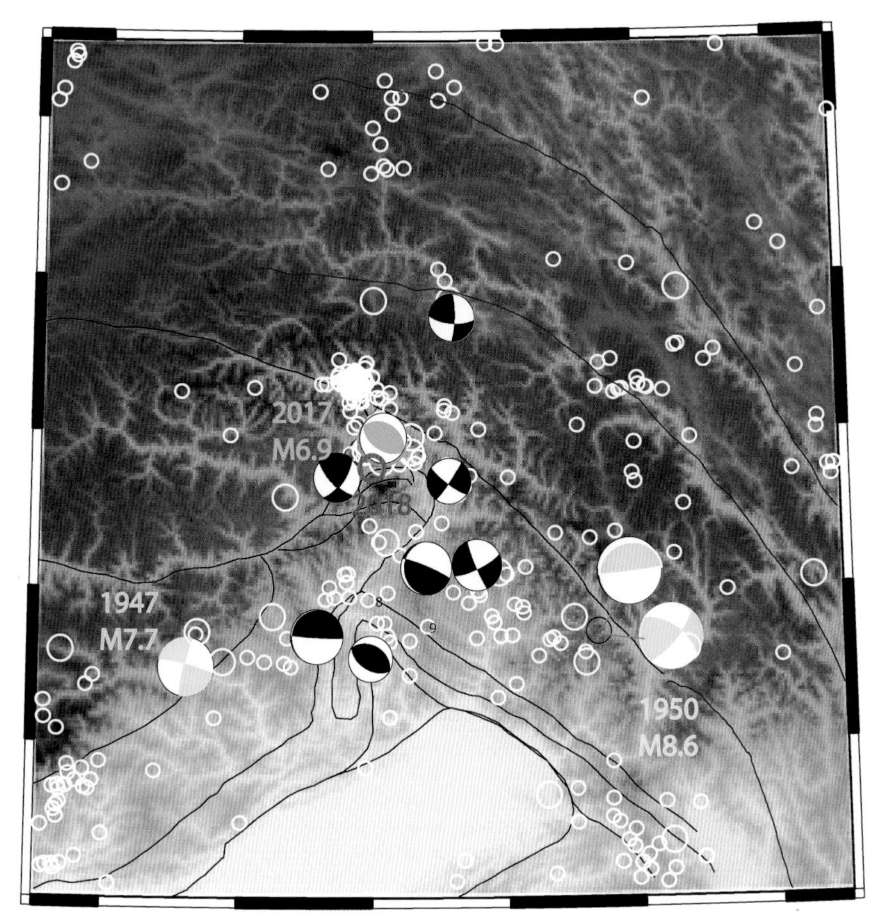

图 2.50　雅江地区历史和现代地震活动分布

红色圆圈表示 2018 年冰崩的位置。其他标志分别代表：绿色沙滩球为 2017 年米林 6.9 级地震，小的白色圆圈为 1964 年以来发生的 4.5 级以上地震，较大的白色圆圈为 1000 ～ 1964 年发生的 6.0 级以上地震，黄色沙滩球为 1900 年以来发生的两次 7 级以上地震，黑色沙滩球为 1964 年以来发生的 5 ～ 6 级地震

南拆离带的走向基本一致（李保昆等，2014）。

3. 近 50 年中小地震

近 50 年来地震以中小型和浅源地震为主。地震沿着主要的活动断裂边界呈线性分布，集中在雅江大拐弯顶端及其北侧和东侧的拉萨地体内，西侧地震不活跃。波形拟合分析结果表明，青藏高原东南缘地震深度大多小于 35 km，绝大多数位于 5 ～ 15 km 深度范围内，而研究区莫霍面深度大体为 50 ～ 60 km，表明地震主要发生在中上地壳内。

2017 年 11 月 18 日 6:34 林芝市米林县发生了 6.9 级地震（图 2.50 绿色震源机制解），截至 2019 年 9 月共发生 1 级以上地震 1000 余次，该地震正好位于我们布设的台站内部，为主震及其余震震源参数的研究提供了重要观测资料（白玲等，2017）。结果表明，米林地震主震发生在雅江大拐弯东北部，经纬度分别为 (29.87°±0.01°N, 95.02°±0.01°E)，震源深度为地表以下 (10±2) km［或海平面以下 (7±2) km］。震源

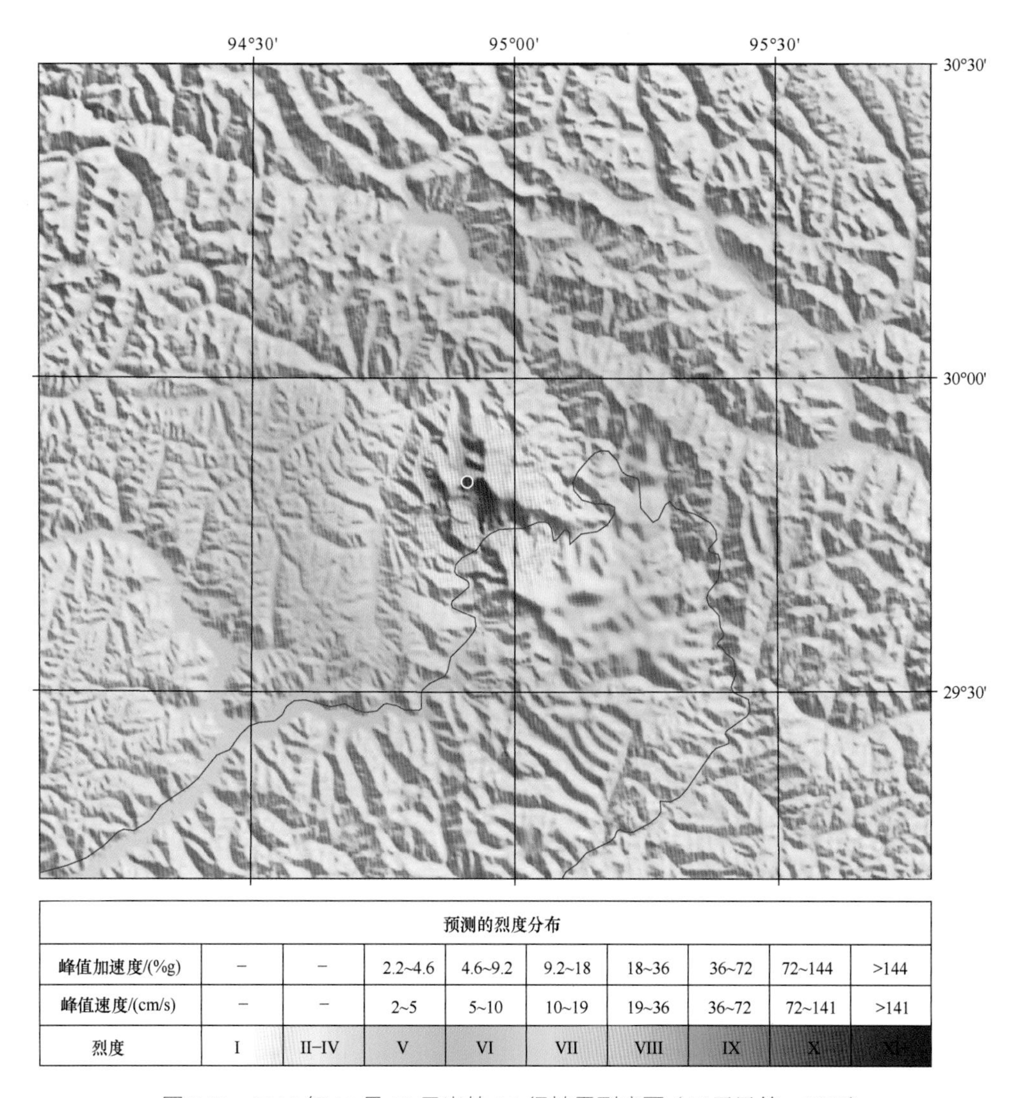

预测的烈度分布									
峰值加速度/(%g)	–	–	2.2~4.6	4.6~9.2	9.2~18	18~36	36~72	72~144	>144
峰值速度/(cm/s)	–	–	2~5	5~10	10~19	19~36	36~72	72~141	>141
烈度	I	II–IV	V	VI	VII	VIII	IX	X	XI+

图 2.51　2017 年 11 月 18 日米林 6.9 级地震烈度图（王卫民等，2017）

机制解两个节面分别为（105°/28°/60°，318°/66°/105°），走向为北西－南东向，以逆冲型为主，兼有少量走滑分量。余震沿着北西－南东向分布在 40 km×10 km 范围内，自西北至东南逐渐靠近西兴拉断裂，且震源深度逐渐加深。

2017 年米林地震震中距色东普流域约 2.7 km（白玲等，2017；尹凤玲等，2018；韩佳东等，2019；王林等，2019）。地震的发生对该流域造成明显的地面运动［PGA（peak ground acceleration，峰值地面加速度）为 0.21 *g*，PGV（peak ground velocity，峰值地面速度）为 18 cm/s，相当于烈度Ⅶ～Ⅷ度］（图 2.51），破坏了冰川、沟谷内堆积物和冰碛物的完整性，使得末端具有临空面和后缘有宽大裂隙的冰川更加不稳定，沟谷内堆积物和冰碛物更加松散，为后面连续发生冰崩灾害提供了丰富的物质基础，2017 年 10 月至 2018 年 10 月，遥感影像分析识别了至少 6 次冰崩事件。

ALOS-2 雷达数据表明，2015 年 8 月至 2016 年 8 月，色东普流域冰川形变程度与其他区域相似（图 2.52）；2017 年 6 ～ 11 月，SDP-1 号形变明显增大，相对于流域内其他冰川，形变十分显著（图 2.53）；2017 年 11 月 18 日米林地震后（2017 年 11 月至 2018 年 3 月），SDP-1 号冰川形变进一步加剧，SDP-1 号冰川中部形变明显大于其他区域（图 2.54），三个阶段形变图表明，地震对 SDP-1 号冰川造成的影响比较明显。

图 2.52　2015 年 8 月 12 日至 2016 年 8 月 24 日形变图

图 2.53　2017 年 6 月 14 日至 2017 年 11 月 1 日形变图

图 2.54　2017 年 11 月 1 日至 2018 年 3 月 7 日形变图

2.3　类似冰崩堰塞湖事件

2.3.1　则隆弄冰川 1950 年冰崩堵江事件

则隆弄冰川是南迦巴瓦峰西坡直接发源于主峰附近的一条山谷冰川。目前冰川长度约 10 km，消融区平均宽度 150 m。在第四纪的末次冰期、新冰期和小冰期期间，位于大峡谷入口处的则隆弄冰川发生多次阻塞雅江事件，在大峡谷以上河段形成多期古堰塞湖。冰川阻塞湖坝的溃决释放突发性洪水，对下游的雅鲁藏布大峡谷河段及下游地区的环境产生了巨大的影响（刘宇平等，2006）。

则隆弄冰川是一条活跃的海洋性跃动冰川，据张文敬 (1985) 调查，近期以来，它先后发生过三次冰川跃动，其中两次造成堵江。

第一次发生于 1950 年藏历七月初二晚。则隆弄冰川迅速向下游运动，次日早晨发现，快速移动后的冰体在雅鲁藏布大峡谷入口处形成一高数十米的冰坝，并一度迫使江水断流。冰川跃动时，则隆弄冰川北侧支流因跃动冰体来不及汇入主流，冲决并越过海拔 4000 m 处新冰期和小冰期侧碛堤，沿则隆弄冰川北侧邻沟直白曲快速滑下，将沟口的直白村夷为平地，97 人遇难。这次冰川跃动使冰舌由原来的海拔 3650 m 降至海拔 2750 m 的雅江江畔，水平位移量达 4.8 km。访问得知，冰川跃动的当天晚上曾发生大地震，即 1950 年 8 月 15 日发生的察隅—墨脱大地震（张文敬，1985）。

1968 年藏历七月的一天，则隆弄冰川再次快速前进，在主谷中形成了高 100 多米的冰坝，江水也被断流，直到第二天早上才冲开。回水淹毁了则隆弄冰川南侧邻沟路口曲沟口高出江面 50 m 处的一座水磨房。受地形条件影响，冰川跃动时各部分应力释放不尽相同，跃动后的则隆弄冰川已被分成若干段，好像被斩断的蛇一般，静卧在则隆弄沟谷之中（张文敬,1985）。第三次发生于 1984 年 4 月 13 日早晨,仅局部块体滑动，发生在海拔 3600 m 处的第三段冰体末端，滑动距离 150 m。

2.3.2　1988 年米堆冰川冰湖溃决事件

米堆冰湖位于 96°29.9′E，29°29.7′N，隶属西藏波密县玉普乡。该湖为冰碛堰塞体形成的冰川末端湖，其后方为米堆冰川（也称贡扎冰川），湖泊有出口，出湖河流沿米堆沟由南向北注入帕隆藏布上游段，即玉普藏布。川藏公路沿玉普藏布由东向西分布。米堆沟属于冰川槽谷，流域面积约为 123.8 km^2，沟谷出口与玉普藏布交汇处东距然乌 30000 m，西距波密县城 97000 m。结合遥感影像和实地测量获得，米堆沟长度约 9000 m，沟谷总落差为 214 m，坡降为 27.89‰。流域内主要分布米堆、俄次和古勒 3 个村庄以及大片的农田。米堆冰川主要分为 3 支，米堆冰湖分布在它的中支即主冰川末端。该冰川由粒雪盆、冰瀑布、冰舌组成。冰瀑布位于海拔 4100 ～ 4850 m 处，冰面坡度为 25° ～ 30°；冰舌段平均海拔约为 4000 m，2010 年 7 月野外考察发现冰舌上裂隙发育；冰湖湖面海拔为 3778 m，东西支冰川融水也注入米堆冰湖。米堆冰湖曾于 1988 年 7 月 15 日发生溃决，其原因主要是米堆冰川滑动，冰舌冲入冰湖，使得湖水上涌。

米堆冰湖所在的藏东南地区属于印度季风亚热带山地气候区，是中国海洋性冰川分布和发育最集中的地区之一。受印度季风气候影响，该区降水十分丰富，冰川区年平均降水量为 1000 ～ 3000 mm。冰川表面消融，运动速度快，平衡线海拔低，对气候变化极为敏感。近年研究发现，这里的冰川退缩加剧，冰川末端湖面积增加与冰川退缩具有较高的耦合性，冰湖面积扩大与水量增加，导致其溃决危险性增高。

1988 年 7 月 28 日米堆冰川崩塌，坠入冰湖；冰湖溃决，淹死米堆沟几名村民；米堆沟泥石流短暂堵塞帕隆藏布，水毁川藏公路上下 100000 m；帕隆藏布溃决洪水上游回水淹没川藏线，溃决洪水进入下游波密县粮食局。1988 年溃决前湖面高出现在湖面 17.18 m，水量为 $699\times10^4 m^3$，1988 年 10 月 27 日，米堆冰湖刚刚溃决 3 个月后仍有 $97.17\times10^4 m^3$ 的库容，尽管溃决使得 $601.83\times10^4 m^3$ 的水量流出，但当时的溃决决口并未降低到全湖最深处，表明冰湖的堰塞坝体并未完全垮塌。

从冰湖储水量上看，1980 ～ 1988 年溃决前，储水量增加 $163.5\times10^4 m^3$，占 1980 年储水量的 30.5%；1988 年溃决前后，储水量减少 $601.83\times10^4 m^3$，占溃决前储水量的 86.1%；从 1988 年溃决后至 2001 年，储水量继续减少，减少量为 $8.65\times10^4 m^3$，占 1988 年溃决后的 8.9%；而 2001 ～ 2010 年，冰湖储水量处于不断增加之中。2001 ～ 2007 年，储水量增加 $16.12\times10^4 m^3$，占 2001 年的 18.3%，年平均增长率为 $2.69\times10^4 m^3$；2007 ～ 2009 年，储水量增加 $2.07\times10^4 m^3$，占 2007 年的 2.0%，年平均增长率为 $1.04\times10^4 m^3$；2009 ～ 2010 年，储水量增加 $6.32\times10^4 m^3$，占 2009 年的 5.9%。整个 2001 ～ 2010 年，储水量增加 $24.51\times10^4 m^3$，年平均增长率为 $2.73\times10^4 m^3$（李德基和游勇，1992）。

但 1988 年冰湖溃决后与 1980 年的影像 / 地形图比较，其面积由 31.24×10^4 m^2 减至 22.84×10^4 m^2，减少幅度为 26.9%。尽管靠近冰碛垄和冰湖出口的位置已经出露大片湖底，但冰湖在靠近冰川一侧的面积却不断扩大，1980 年的冰川区域在 1988 年溃决后已经被湖泊覆盖，反映了大片冰川的迅速消失，可能指示了冰湖溃决前冰川大面积断裂坍塌的事件。李德基和游勇（1992）在对米堆冰湖溃决原因分析中，也认为断裂的冰体冲入湖泊可能是水量急剧增长的原因。实际上，西藏地区发生的典型冰湖溃决事件，许多激发原因都与冰体滑坡和管涌有关。1988 年冰湖溃决后至 2001 年，冰湖在靠近冰川的一侧面积又不断收缩，反映了冰川向冰湖方向的快速推移，由于米堆冰川具有较陡的坡度和较高的积累，冰川的这种前进现象可能指示着冰川末端达到某一高程时才呈现相对稳定状态。由于目前的冰川前缘已经退缩到 1988 年溃决后的位置，其再次前进到 2001 年时所在位置或更远处的可能性仍然存在，在合适的补给和动力条件下，这种前进如果是快速突发的，对冰湖水位上升具有极大影响，可能引起溃决的发生。

就米堆冰湖来讲，由于冰湖与其补给冰川直接相连，冰川的垮塌入湖同样能够引起水量的快速增加。由于冰川沟谷地形陡峭，厚达百米的冰川底部消融后，悬空的冰舌稳定性大大减弱，使得冰川前进直至发生断裂的可能性大大增加。1988 年冰湖溃决后，垮塌的冰川区域被湖泊区域覆盖，而到 2001 年，冰川再次推进到 1980 年冰湖溃决前的位置。2001 年以来，冰川前缘缓慢后退，已经退缩到 1988 年冰湖溃决、冰川垮塌后的位置，目前不排除冰川由于稳定性减弱再一次推进到 1980 年冰湖溃决前的位置。一旦该事件出现，将导致冰湖水量急剧增长，溃决再次发生。然而，由于目前的冰湖储水量为 113.08×10^4 m^3，不仅小于 1988 年溃决前的储水量 699×10^4 m^3，也小于 1980 年时的储水量 535.5×10^4 m^3，即使冰川发生与 1988 年冰湖溃决时同等规模的断裂，也不会产生更大程度的危害。但当冰湖的出水河口堵塞或流量减小，冰川断裂或滑动同时发生时，将会造成严重的危害，因此，监测冰湖的出水河口流量是监测冰湖稳定与否的关键措施之一。

第3章

灾区风险分析

3.1 灾害风险因素分析

3.1.1 气候变暖

随着全球变暖，青藏高原气温表现出快速升高趋势（Kang et al.，2010；姚檀栋等，2000，2006）。1960 ～ 2012 年，青藏高原气温的升温速率为每 10 年 0.3 ～ 0.4℃，大约是全球平均值的 2 倍（IPCC，2013）。在快速增温的背景下，冰川不稳定性增加，消融加剧，冰崩灾害还将持续甚至加强，危险性增加，特别是容易导致次生灾害，形成灾害链（Gao et al.，2019）。喜马拉雅地区冰川在长度和面积上萎缩最为剧烈，冰川物质亏损最为严重（Bolch et al.，2012；Yao et al.，2012a）；在全球持续变暖条件下，喜马拉雅地区冰川萎缩可能会进一步加剧。冰川变化的潜在影响，将使大河水源补给不可持续和地质灾害加剧，如冰湖扩张、冰湖溃决和洪涝等，冰川正经历大规模萎缩，其对该区域大江大河的河流流量将产生巨大影响，也将影响其下游地区人类的生存福祉。

基于区域模式，青藏高原温度和降水变化未来 100 年预估和过去 2000 年重建如图 3.1 所示，近期（现今～ 2050 年），青藏高原年均温度将升高 3.2 ～ 3.5℃，年均降水量增加 10.4% ～ 11.0%；远期（2051 ～ 2100 年），青藏高原年均温度将升高 3.9 ～

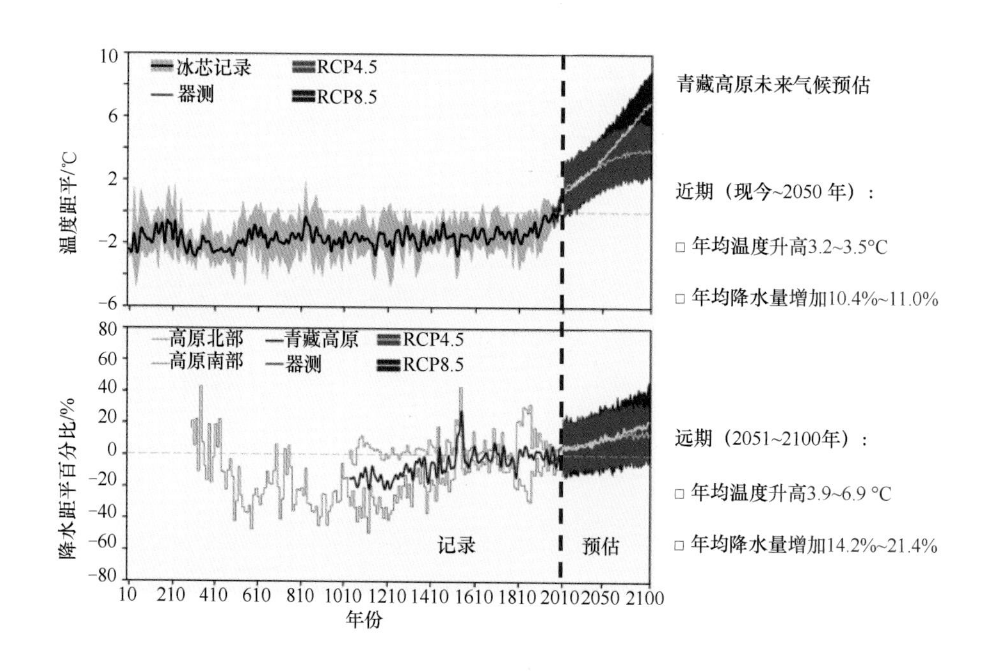

图 3.1　青藏高原温度和降水变化未来 100 年预估和过去 2000 年重建

注：RCP（representative concentration pathway）：代表性浓度路径情景；RCP4.5：温室气体中等排放情景；RCP8.5：温室气体高排放情景

6.9℃，年均降水量增加 14.2% ～ 21.4%(Ji and Kang，2013；Su et al.，2013)。在全球气候变化的背景下，冰崩灾害极有可能成为人类面临的新常态。特别是在高亚洲地区，冰崩灾害事件严重威胁"亚洲水塔"的命运和"第三极"的生态安全 (Yao et al.，2019；Gao et al.，2019)。

整体来看，青藏高原冰川、积雪与地质灾害空间观测研究整体呈缓慢增长态势，并具有一定程度的波动，且增长的幅度不大，各年度增长率存在一定差异，差异的一个主要原因可能与青藏高原冰川、积雪与地质灾害环境发展需求相关。

雅江大拐弯入口段活动的地质构造、特殊的地形与气候条件酿就了暴雨泥石流及冰川泥石流等地质灾害。近 60 年来，则隆弄冰川泥石流曾两度摧毁直白村；鲁霞—德阳段暴雨泥石流的洪积扇已经深入雅江中，该段河道处于半阻塞状态。两处地点的泥石流对上下游村庄、城镇及设施带来严重威胁。依据地貌调查及室内 DEM 定量分析，了解泥石流地质灾害的空间分布特征及其成因，对前人的则隆弄冰川泥石流堰塞雅江造成上游回水成湖淹没米林、林芝等地的观点提出了新的看法；米林、林芝古淹没事件可能是对多地点泥石流暴发的响应。

利用藏东南地区 8 个气象站资料研究了本区近期的气温和降水量的变化特征（昌都、洛隆、波密、八宿、林芝、米林、左贡、察隅）。图 3.2 为该 8 个台站年平均气温和夏季平均气温的变化趋势。虽然不同站点观测时间段不同，但整体来看，藏东南地区气温呈现明显的升温趋势，1970 ～ 2017 年气温变化趋势在 0.02 ～ 0.03 ℃ /a，观测期起始时间在 20 世纪 90 年代的台站，气温变化趋势均超过 0.05 ℃ /a，这说明各个台站的年平均气温均不断上升，特别在 90 年代以后其上升趋势明显加快；夏季平均气温也在不断升高，其变化趋势与年平均气温基本一致，但其趋势略小于年平均气温。

夏季气温 (6 ～ 8 月）的波动影响本区海洋性冰川的消融和物质积累，从而很大程度上决定了冰川的变化幅度与趋势。图 3.3 显示林芝、波密、察隅、洛隆、昌都和左贡等 6 个气象站长期的气温距平变化。从图中可以看出，2005 年之后，整个藏东南地区夏季处于气温高位距平且呈现明显的年代际波动状态。2005 年之后夏季气温处于持续高温状态，由此可能导致冰川消融量增加及降雪量急剧减少，从而使冰量损失幅度增大，特别是一些低海拔地区面积较小冰川则可能呈现快速消亡的趋势（如帕隆 12 号冰川和 94 号冰川等）。

藏东南地区降水量变化趋势存在明显的区域差异，有 3 个台站的变化趋势为负值，其余 5 个台站的降水量呈现微弱的上升趋势（表 3.1)；2009 年所有台站出现气温最高值，但降水量在 8 个台站均表现为历史最低值。整体来讲，1999 年以来夏季持续快速升温，而降水量却呈急剧减少趋势，整个藏东南地区呈现暖干的气候组合。因此，简单地定性分析，在此种气候背景下，藏东南冰川消融强烈而补给减少，海洋性冰川因此物质持续亏损，末端后退和面积萎缩。

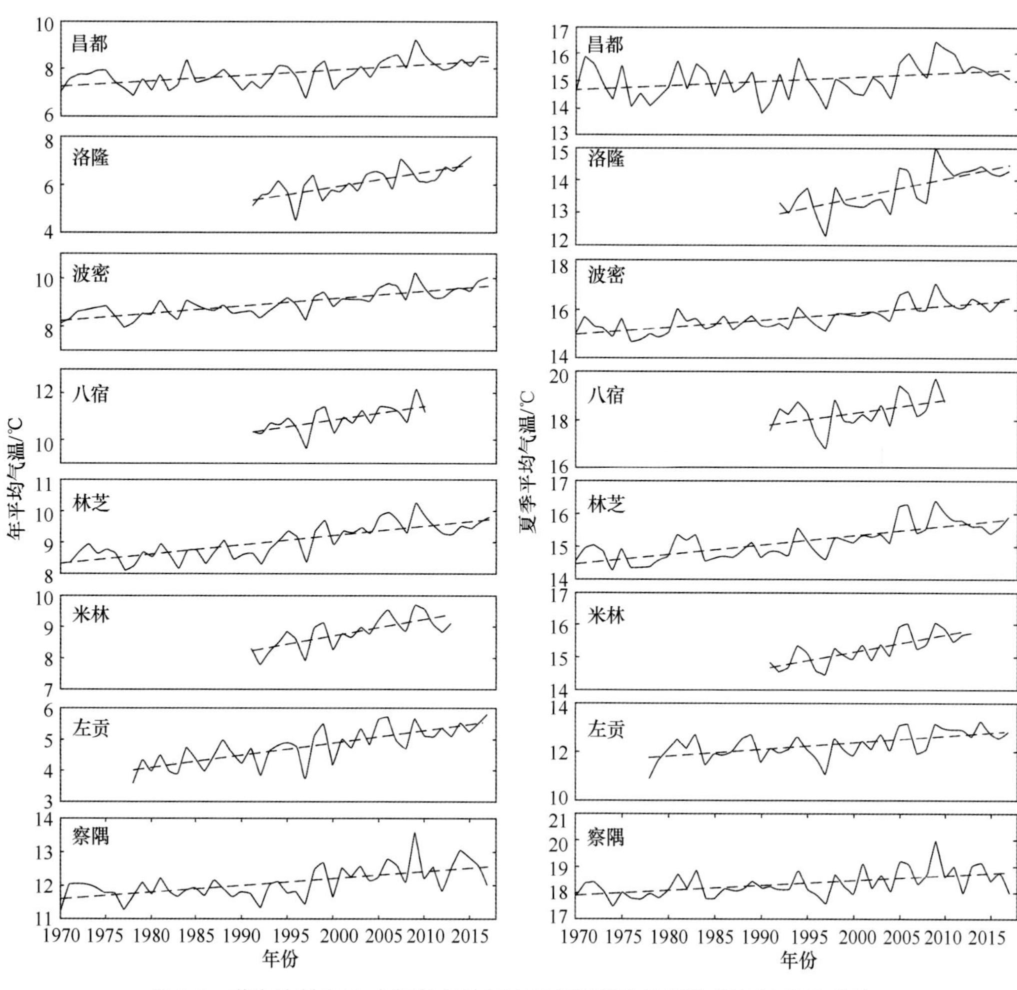

图 3.2 藏东南地区 8 个气象台站年平均气温和夏季平均气温的变化趋势

表 3.1 藏东南 8 个台站基本信息及其气温和降水量变化趋势

台站	纬度 /(°N)	经度 /(°E)	海拔 /m	平均气温 /℃	平均降水量 /mm	气温变化趋势 /(℃/a)	降水量变化趋势 /(mm/a)	夏季气温变化趋势 /(℃/a)	观测期
察隅	28.65	97.47	2331.2	7.801	479.25	0.0206	–1.6519	0.0188	1990 ~ 2017 年
米林	29.22	94.22	2952.0	8.8127	708.97	0.0524	–5.1022	0.0526	1991 ~ 2013 年
林芝	29.57	94.47	3001.0	9.0191	689.48	0.0300	1.7236	0.0283	1970 ~ 2017 年
左贡	29.67	97.83	3781.0	4.7785	447.84	0.0391	1.1436	0.0281	1978 ~ 2017 年
波密	29.87	95.77	2737.0	8.9536	889.57	0.0294	0.0719	0.0291	1970 ~ 2017 年
八宿	30.05	96.92	3261.0	10.8821	267.76	0.0566	0.5771	0.0539	1991 ~ 2010 年
洛隆	30.75	95.83	3640.0	6.099	414.94	0.0587	–0.3593	0.0590	1992 ~ 2017 年
昌都	31.15	97.17	3307.1	12.0858	796.77	0.0223	1.0888	0.0150	1970 ~ 2017 年

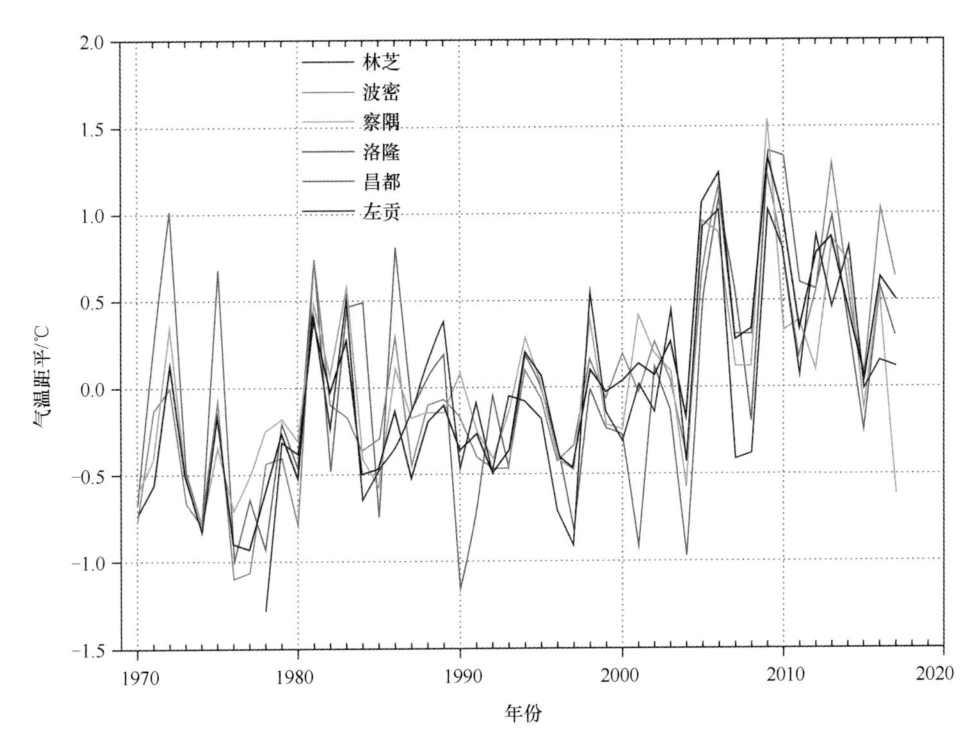

图 3.3　林芝、波密、察隅、洛隆、昌都和左贡等 6 个气象站长期的气温距平变化图

根据遥感图像分析，色东普沟谷中仍有大量的碎屑物质，具备再次发生碎屑流的物质条件。在较强地震、强降水或冰川强烈消融等条件影响下，容易再次发生冰崩堵江事件。因雅江该处河道原有堰塞体残体仍然存在，色东普沟流出物易堵塞已经形成的泄流槽，可能导致雅江该处河段再次形成堰塞湖。

3.1.2　土地资源

灾区处于大峡谷中心地带（图 3.4），山高谷深坡陡，村庄建设的土地资源稀缺。灾区包括米林县的派镇和墨脱县的甘登、加热萨两乡，分别处于雅鲁藏布大拐弯处的上下游。米林县派镇地处南迦巴瓦峰和加拉白垒峰所夹的大峡谷区域，两侧峰顶大约相距 20000 m，海拔均在 7000 m 以上，江面海拔不到 3000 m；墨脱县两乡位于雅鲁藏布与其支流帕隆藏布分水岭的西坡，同样处于两江分水岭与南迦巴瓦峰所夹的深峡谷区域，村庄到江边的水平距离平均 1000 m，但与江面的高程差达到 600 ～ 900 m，绝大多数村庄沿近乎垂直江岸耸立的山崖缓坡或平台处分布。三乡镇坡度 8° 以下面积仅占全部土地面积的 3.3%，其中派镇 4.4%、甘登乡 1.1%、加热萨乡 2.3%，其中还包括水域、耕地和海拔 3500 m 以上的面积。虽然可利用土地资源稀缺，但因各村人口数量不多，对土地的需求量也不大，如有成片的可利用土地，仍可满足小规模集中居住或灾时应急安置的需求。

图 3.4　灾区卫星影像

资料来源：Google Earth

3.1.3　地质活动

该区特殊的地质地貌环境，是其地震与地质灾害多发的重要原因。雅江流域，全新世的活动断层非常发育，地震活动频繁。雅江下游地区 1950 年曾发生过 8.6 级强烈大地震，造成地面的强烈破坏，未来发生地震的可能性仍较大。该区地质灾害主要是滑坡、泥石流和崩塌，地质灾害的分布受地质背景和人类工程的控制与影响，不同地域条件发育的地质灾害类型及程度具有不同的特点。通过对影响该区崩滑流地质灾害发展趋势的主要因素进行分析，该区崩滑流将进入一个高潮期。而因气候干旱化及区域地下水位的持续下降，土地沙化、草场退化及多年冻土退化短期内也将趋于恶化。

此次灾区位于雅江缝合线区域，面临地震、冰崩及其次生地质灾害的多重风险。南侧的南迦巴瓦峰呈西南 – 东北方向形成对西北 – 东南方向延伸的念青唐古拉山的冲顶之势，巨山深谷发育，周边地震地质活动活跃。地震的发生往往会伴生冰崩的潜在威胁，而 20 世纪以来伴随气候变暖，冰川融化趋势加快，冰崩发生的频率和强度越发难以预料。历史上，雅江及其支流常发生冰川、冰碛物及其泥石流、滑坡等灾害引起的阻江事件，如 1950 年的察隅 - 墨脱大地震及同期发生的南迦巴瓦峰冰川跃动事件，造成格嘎村（行政村）内百人规模的直白村（自然村）瞬间埋没，并使雅江形成短暂的堰塞湖（张文敬，1983，1985）；1988 年位于帕隆藏布支流米堆河上游的米堆冰川发生冰湖溃决，产生洪水和泥石流，冲毁超过 40 km 长的一段川藏公路，使 318 国道断道达一年之久。根据灾区地质灾害排查资料，米林县派镇从此次堰塞湖堵江点往上游多雄村 40 km 多的江段，地质灾害点有 25 个，一半为中型规模，1/3 对居民点构成威胁；其中超过 20 个排查点集中分布在直白村—派村江段（图 3.5）。据地方专业部门对此次

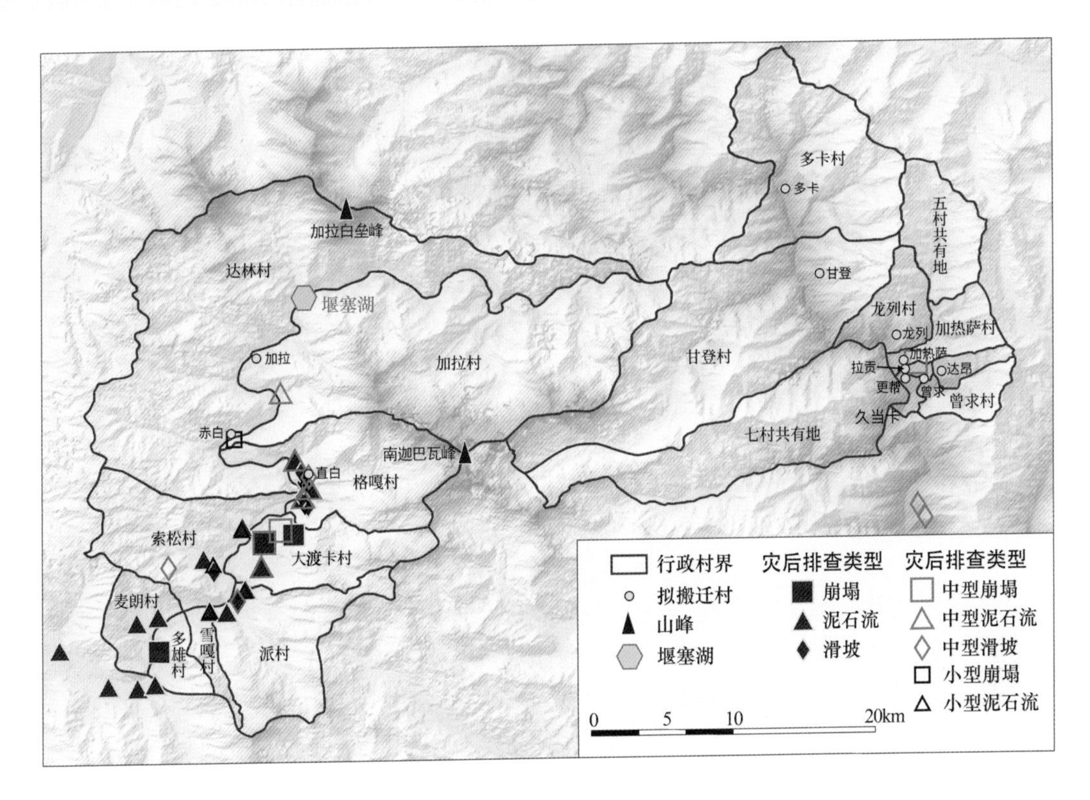

图 3.5　灾区地势及地质灾害排查点分布图

灾后的排查，以上灾害点目前状况暂且稳定，但因本区构造活动活跃，有多大概率能够判定未来的风险程度仍是未知数，需要不断加强平时的定期监测和灾前灾后的应急排查。

3.1.4　生态环境

灾区属于雅鲁藏布大峡谷自然保护区核心区的一部分，生态保护、大尺度景观保护的约束强。灾区位于青藏高原东南部寒温性针叶林向热带偏干性季雨林的过渡地带，生物多样性高，有“世界上生物多样性最丰富地区”“植物类型天然博物馆”“生物资源的基因宝库”等美誉；同时又地处雅江进入印度的上游区域，水土保持具有国际意义。此外，雅鲁藏布大峡谷超过 1/4 的长度分布在这里，大峡谷大尺度景观的代表性也以这里更为闻名。从生物多样性保护重要性看，除南迦巴瓦和加拉白垒两侧山峰外，几乎全境为极重要区域；从水土保持重要性看，派镇沿江两侧的区域、甘登和加热萨两乡 40% 以上的区域均为极重要区域（图 3.6）。上述区域一方面需要限制人口规模，严格控制人类活动（村镇建设、农牧业和旅游业活动等）强度；另一方面也需要配备一定的人力、物力和基础设施，满足生态保护、灾害防治和国土空间管理的需求，需根据各村的实际情况评估。

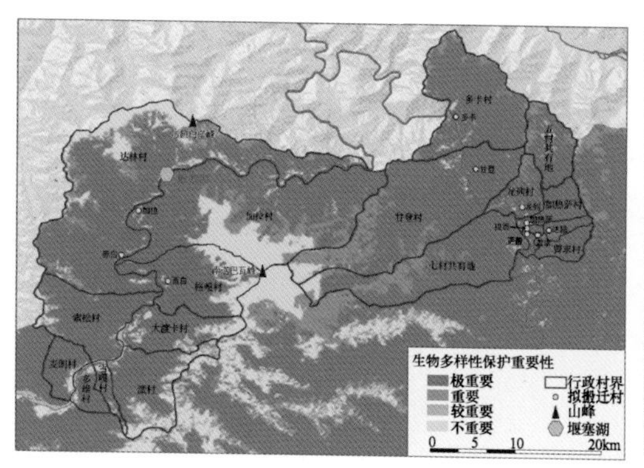

图 3.6　灾区生态保护重要性

3.1.5　道路交通

灾区整体位置偏僻，远离市县中心，基础设施落后，交通可达性较差，不利于重灾发生后的及时救助。根据实地调研，通路较好的米林县派镇均为县级及以下公路，等级低。墨脱县的加热萨乡和甘登乡为乡级及以下公路，有 4 个行政村还未通公路，居民进出极为困难。派镇三个拟迁村距离米林县城和林芝市区 100 km 以上，最远的赤白村达 120 km 左右。墨脱县加热萨乡各村到墨脱县城的平均距离约为 90 km，因公路通行能力差，按车程计算都在 5 小时左右；甘登乡各村距离墨脱县城超过 100 km，按车程计算都在 10 小时左右；两乡各村到林芝市区的车程时间都在 10 小时以上，甘登乡各村更达 19 小时左右。此外，各村村民居住分散，村里医疗卫生、能源电力、交通通信、金融服务等基础设施薄弱，也面临就医、吃水、用电等问题。派镇公路均沿江铺设，地基不稳，灾后极易被水冲毁。根据实地调查，此次堵江灾害使派镇加拉村公路毁损严重（图 3.7），过江索桥被淹没并损毁，加拉村居民全部依靠直升机迁出；达林村达林大桥冲断，截至调查日（10 月 28 日，堵江发生后 11 天），赤白村居民仍困在村里。从灾时救助方便程度来看，目前的确难度较大，有些地方可以通过工程手段改善，有些地方比较难，需要权衡村庄的人口数量及其迁移的成本。

3.1.6　居民收入

灾区地处边境，村民的收入来源中政策性收入和地方旅游收入比重较高，村民外出就业存在一定的语言和技能障碍。从灾区村民的收入来看，派镇 2017 年农牧民人均纯收入 15734 元（图 3.8），高于林芝市、西藏自治区的平均水平，近乎是墨脱县甘登乡和加热萨乡的 2 倍多。墨脱县两乡各村人均纯收入多数不足 8000 元，当时仍处在脱贫状态，人均收入中 1/3 以上为政策性补贴。此外，米林县派镇 3 村村民中，绝大多数为藏族，墨脱县两乡中除藏族外，还有门巴族和珞巴族，家庭人员中除在县城和林芝市区上学的孩子外，能用汉语进行流畅交流的人员较少。根据第六次全国人口普查资料，

图 3.7　灾后基础设施毁损状况

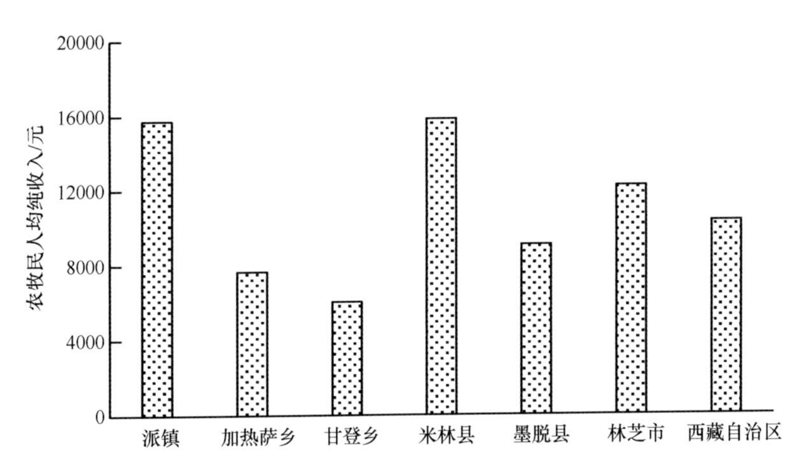

图 3.8　2017 年灾区农牧民人均纯收入

数据来源：《西藏年鉴 2017》（西藏自治区地方志办公室，2018）与实地调研数据

米林、墨脱县平均受教育年限分别为 5.68 年、4.70 年，文盲率米林县为 31.93%，墨脱县为 39.05%（国务院人口普查办公室和国家统计局人口和就业统计司，2012）。因而，从主观意愿上看，上述因素都是村民外迁的思想障碍。

3.2　风险评估结论

冰崩灾害的评估包括冰崩潜在风险和灾害影响评估等。冰崩潜在风险评估需借助历史资料和卫星遥感、地面雷达等多种冰川监测手段，历史资料可以帮助人们认识冰崩的发生机制和特征，监测手段则可以对冰川的运动特征进行提取；冰崩灾害影响评估则是综合生态、环境、政府管理等多学科，来研究冰崩对灾害区域可能带来的影响和后果。在冰崩潜在风险和灾害影响评估的基础上，划定冰崩缓冲区和冰崩危险区等，以减少冰崩带来的人员伤亡和财产损失。

从整个藏南地区来看，近期灾害发展的频次有所增加，具体到灾区尺度，诸多不确定性因素都会影响未来灾害发生的频率、规模及其危害程度。藏南地区受两大构造带（喜马拉雅和雅鲁藏布）、山地与气候环境的影响，历史上灾害就频发。灾区发生灾害可能既有周边区域地震的摄动效应，也有两侧山体冰川自身融化崩解的威胁，还有山体表面物质松软、气候多变、暴雨引发滑坡泥石流的威胁，这些因素互动作用、助推效应强烈，以目前的观测尺度、布点精度及研究手段，很难准确预估某类灾害发生的可能性及其危害程度，必须从全局谋划，依托多点、高精度观测和长期、持续的研究成果。

灾区总体自然条件较差，不足以容纳较多的人口与其从事的相关农牧业活动。灾区山势险峻、坡陡沟深，自然条件较差，生态保护约束极强，面临地震、冰崩、滑坡、泥石流、崩塌等多种灾害威胁，整体不适宜人居，也不适合人类活动的过多扰动。按村庄建设用地面积核算直白村、多卡村、加热萨村每公顷分别为 24 人、32 人、123 人，人口密度较高。因此，应根据灾区的特点，适当削减现状人口，控制相关人类活动的扰动强度。

根据上述认识，灾区具备一定的搬迁条件，但因一方面灾区地处边境地区，另一方面未来灾害的风险还难以估计，因此仍需要对灾区村庄搬迁的必要性做一些细致的分析。

第4章

村庄建设限制因素及拟迁村庄搬迁条件评估

此次研究首先以行政村为基本单元，对 3 个乡镇 17 个村的村庄建设条件进行概括性分析，主要从村庄建设的限制性因素入手；其次对拟迁村庄进行搬迁条件评估，除考虑潜在灾害威胁和生态保护约束等自然因素外，还考虑灾后救助难度、村民自救能力和村民主观意愿等方面的因素。

4.1 村庄建设的限制因素分析

4.1.1 灾区范围及灾损情况

1. 灾区范围

灾区评估范围包括米林县派镇 - 墨脱加热萨乡（图 4.1），涉及 3 个乡镇，面积 1715 km^2（土地部门数据汇总）。米林县派镇 9 个行政村，面积 1055 km^2，共 1021 户（2017 年统计），乡村人口 3567 人，其中外来人口 1320 人；受灾拟迁 3 个自然村，共 60 户 212 人。墨脱县甘登乡和加热萨乡，面积 660 km^2（土地部门数据，乡镇统计数据为 1580 km^2），拟迁 8 个行政村（甘登乡 2 个行政村；加热萨乡原 7 个行政村，其中久当卡村已于 2016 年整体搬迁），共 235 户，903 人。

2. 灾损情况

2018 年 10 月 17 日凌晨 5 时许，米林县派镇加拉村下游 7 km 处无人区雅江左

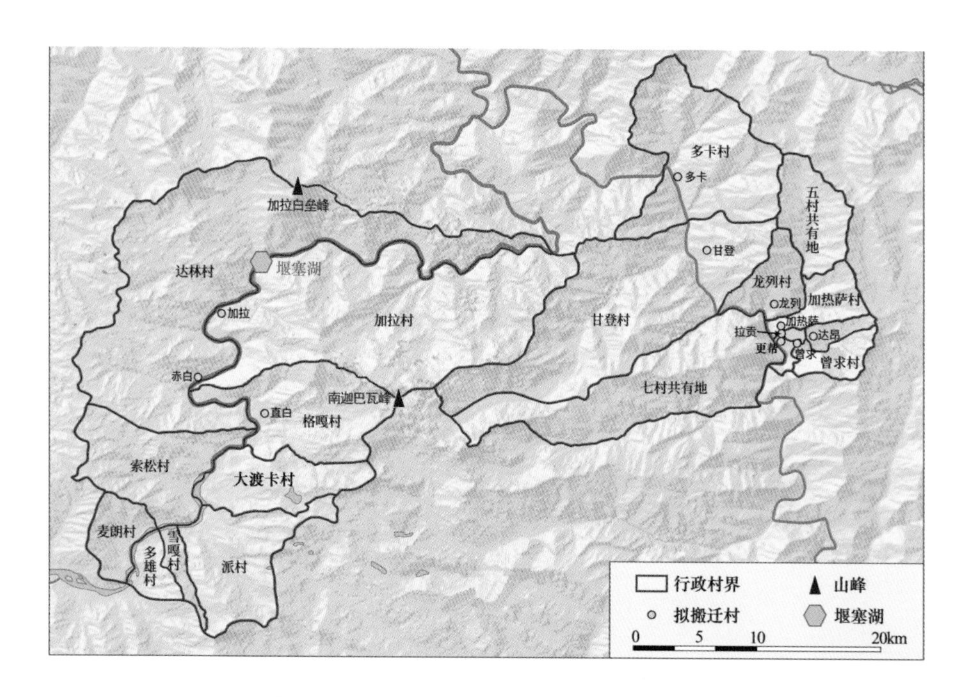

图 4.1 灾区评估范围

岸发生山体滑坡，造成雅江断流、水位上涨，形成堰塞湖，事发点距墨脱县城约 175 km。据西藏林芝网报道，滑坡体宽约 150 m，长约 300 m，高约 120 m，体量约 $0.054\times10^8\ m^3$。10 月 18 日 18 时 32 分，因堰塞湖回水，横跨雅江的县道 408 线林达线达林大桥发生垮塌，未造成人员伤亡。根据加拉水位站的资料统计分析，10 月 18 日 18 时至 10 月 19 日 7 时，堰塞湖水位上涨 7.97 m，平均每小时上涨 0.61 m，10 月 19 日 7 时估算坝前水深约 75 m、蓄水量约 $5.5\times10^8\ m^3$。米林县受灾群众 3100 余人，受影响群众 4200 余人，加拉村、赤白村入村道路毁损，加拉村全村人口转移安置到林芝市区，赤白村无法进入（到 10 月 28 日，村民仍处在被困状态）。基础设施和财产方面，达林村大桥被冲毁，加拉村索桥严重受损。耕地受灾 512 亩（1 亩≈ $666.67m^2$），灌溉水渠受损 600 m，供水管道受损 1200 m，公路受损 7 km，通信基站和线路受损，电力设施受损。墨脱县 7 个乡镇、19 个行政村转移。整个灾区受灾约 6600 人，受影响 16000 余人，疏散撤离 7100 余人。

4.1.2　村庄建设的限制因素

根据灾区实际情况，村庄建设的限制因素主要有土地限制、地质灾害风险、生态保护约束、村庄基础设施和村民生活设施 5 个方面。

1. 土地限制

根据 3 乡镇土地资源数据，耕地和建设用地分布的海拔上线大约在 3500 m，因此首先将超过海拔 3500 m 的区域全部剔除；剩下的土地中，确定坡度 8° 以下为适宜村庄和应急安置区建设的可利用土地的选择条件，进一步减去其中的河流、滩涂、耕地、现居民点和林地等不可利用的土地作为备选土地。考虑适度人口集聚和未来临时避险的需求，需要一定面积连片的土地以供使用，根据目前 3 乡镇各村户数，超过 100 户的有大渡卡村、索松村，最低的为加拉村，仅 10 户；拟搬迁的村中，仅甘登村（行政村）为 58 户，其余均不足 50 户；综合灾区成片可利用土地资源缺乏和适度集聚人口的特点，设定 25 户（约百人规模）作为选择最小成片土地的需求阈值。对于每户的土地需求，根据实地调查，一间临时安置房一般约 $20\ m^2$（目前村民的住房一般每户为 $160\ m^2$），因为临时安置还需要道路和救济物资堆放的场所，且一般都是平房，还要同时顾及安置时间或长或短的因素，综合考虑每户按 $100\ m^2$ 计算，25 户就是 $2500\ m^2$。因此，在备选土地中，剔除小于 $2500\ m^2$ 的细碎斑块，剩余的土地即为可用作未来进行村庄和应急安置区建设的可利用土地。对这些可利用土地按照可安置村民的户数进行评价，不足 100 户的为低、100 ～ 500 户的为中、500 户及以上的为高。评价结果显示，派镇整体土地限制程度低，甘登乡和加热萨乡限制程度高；派镇拟搬迁 3 村所在的行政区村，格嘎村（直白村）、达林村（赤白村）评价结果为低，加拉村评价结果为高（表 4.1）。

表 4.1　灾区村庄土地限制因素评价

村庄编号	村名	海拔 3500 m 下、坡度 8° 以下面积 /km²							可安置户 / 户	程度
		小计	耕地	河湖	滩涂	村庄	林地	备选		
1	麦朗村	1.95	0.18	0.47	0.49	0.00	0.76	0.05	500	中
2	多雄村	1.84	0.55	0.48	0.33	0.12	0.29	0.07	700	低
3	雪嘎村	1.44	0.68	0.26	0.25	0.07	0.01	0.17	1700	低
4	派村	2.72	0.32	0.47	0.11	0.05	1.65	0.12	1200	低
5	大渡卡村	3.83	2.11	0.35	0.27	0.13	0.78	0.19	1900	低
6	索松村	4.38	1.07	0.8	0.35	0.07	1.56	0.53	5300	低
7	格嘎村（直白村）	**3.21**	**1.09**	**0.19**	**0.00**	**0.08**	**0.94**	**0.91**	**9100**	**低**
8	达林村（赤白村）	**4.00**	**0.67**	**1.05**	**0.09**	**0.04**	**1.74**	**0.41**	**4100**	**低**
9	加拉村	**4.01**	**0.14**	**1.04**	**0.14**	**0.00**	**2.689**	**0.001**	**10**	**高**
10	多卡村	0.27	0.00	0.03	0.00	0.00	0.24	0.00	0.00	高
11	甘登村	0.67	0.00	0.04	0.02	0.00	0.59	0.02	200	中
12	龙列村	0.04	0.00	0.03	0.00	0.00	0.01	0.00	0.00	高
13	加热萨村	0.06	0.00	0.01	0.00	0.00	0.05	0.00	0.00	高
14	拉贡村	0.00	0.00	0.00	0.00	0.00	0.00	0.00	0.00	高
15	更帮村	0.07	0.00	0.04	0.00	0.00	0.026	0.004	40	高
16	达昂村	0.03	0.00	0.00	0.00	0.00	0.01	0.02	200	中
17	曾求村	0.04	0.00	0.00	0.00	0.00	0.04	0.00	0.00	高
18	五村共有地	0.50	0.00	0.00	0.00	0.00	0.30	0.20	2000	低
19	七村共有地	1.56	0.00	0.01	0.00	0.00	1.53	0.02	200	中
	派镇	**27.38**	**6.81**	**5.11**	**2.03**	**0.56**	**10.42**	**2.45**	**2723**	**低**
	甘登乡	**10.01**	**0.00**	**0.07**	**0.02**	**0.00**	**9.90**	**0.02**	**100**	**高**
	加热萨乡	**10.53**	**0.00**	**0.09**	**0.00**	**0.00**	**10.20**	**0.24**	**305**	**高**

2. 地质灾害风险

根据灾后地质灾害点的重新排查，认为目前各灾害点处于稳定状态。考虑 21 世纪以来气候变化和灾害多发的因素，未来地质灾害的发生仍有诸多不确定性因素，因此对地质灾害风险按规模、威胁对象和是否新增等标准进行评价。具体评价标准为：灾前排查规模为中型、同时威胁居民点的灾害点的评价风险为高，灾前排查规模为中型或威胁居民点的灾害点的评价风险为中，灾后新增排查点的评价风险为中，其余排查点为低。评价结果显示，派镇各村除达林村、加拉村外，均为中或高的级别，墨脱的加热萨村为中风险，其余为低风险；派镇拟搬迁的村中，直白村所在的格嘎村为高风险，其余两村为低风险（表 4.2）。

表 4.2　灾区村庄地质灾害威胁因素评价

村庄编号	村名	灾前排查点数			灾后新增排查点数 / 个	风险等级
		小计	中型	威胁居民点		
1	麦朗村	无	无	无	2	中
2	多雄村	无	无	无	1	中
3	雪嘎村	1	无	1	1	中
4	派村	4	1	3	4	高
5	大渡卡村	3	3	2	3	高
6	索松村	3	2	2	3	高
7	**格嘎村（直白村）**	**8**	**4**	**2**	**9**	**高**
8	**达林村（赤白村）**	无	无	无	无	**低**
9	**加拉村**	**1**	无	无	无	**低**
10	多卡村	无	无	无	无	低
11	甘登村	无	无	无	无	低
12	龙列村	无	无	无	无	低
13	**加热萨村**	**1**	**1**	无	无	**中**
14	拉贡村	无	无	无	无	低
15	更帮村	无	无	无	无	低
16	达昂村	无	无	无	无	低
17	曾求村	无	无	无	无	低
18	五村共有地	无	无	无	无	低
19	七村共有地	无	无	无	无	低

3. 生态保护约束

生态保护约束还是针对海拔 3500 m 以下的区域进行，评价考虑两个因素：海拔 3500 m 以下生态重要性和生态敏感性的面积占比，数据采用环境保护部门关于划定生态保护红线的研究成果，将该成果中生态重要性和生态敏感性评价分值为 7 的作为相应指标面积的测算依据。生态保护约束程度分级标准如下：面积占比 <33%，判定为低约束；33% ～ 66% 为中约束；>66% 为高约束。评价结果显示，甘登乡和加热萨乡各村生态保护约束均高，派镇加拉村评价结果为中、格嘎村和达林村为低（表 4.3）。

4. 村庄基础设施

依据米林县派镇、墨脱县甘登乡和墨脱县加热萨乡的实地调查，对灾区村庄是否通自来水、是否通路、是否通电等状况进行分析。如果通水、通路、通电三个条件都满足，则认为其基础设施条件好，定级为高；如果有一项条件不满足，则认为其基础设施条件较好，定级为中；如果有两项及以上条件不满足，则认为其基础设施条件较差，定级为低。评价结果为，基础设施限制程度高的有多卡村和甘登村，派镇各村均为低，加热萨乡中加热萨村、达昂村、龙列村为中，其余为低（表 4.4）。

表 4.3　灾区村庄生态保护约束因素评价

村庄编号	村名	面积 /km^2	生态保护红线面积 /km^2		生态保护约束		程度
			生态重要性	生态敏感性	面积 /km^2	占比 /%	
1	麦朗村	30.03	15.22	18.46	10.65	35.46	中
2	多雄村	19.1	11	16.17	4.42	23.14	低
3	雪嘎村	12.93	3.91	5.42	2.44	18.87	低
4	派村	87.73	19.6	15.98	13.95	15.90	低
5	大渡卡村	63.06	15.61	21.44	12.71	20.16	低
6	索松村	89.96	32.83	34.31	25.65	28.51	低
7	格嘎村（直白村）	101.03	27.1	24.72	18.32	18.13	低
8	达林村（赤白村）	355.89	104.97	126.64	104.66	29.41	低
9	加拉村	296.16	114.52	115.11	100.19	33.83	中
10	多卡村	138.91	104.91	109.32	98.97	71.25	高
11	甘登村	227.17	153.42	166.62	154.14	67.85	高
12	龙列村	33.38	28.7	26.95	27.26	81.67	高
13	加热萨村	27.36	23.92	22.5	24.02	87.79	高
14	拉贡村	2.35	2.35	2.35	2.35	100.00	高
15	更帮村	4.16	4.16	4.16	3.82	91.83	高
16	达昂村	10.24	9.49	9.04	8.98	87.70	高
17	曾求村	20.66	19.7	18.62	19.31	93.47	高
18	五村共有地	48.13	24.86	21.25	19.45	40.41	中
19	七村共有地	147.84	98.6	81.39	102.17	69.11	高

表 4.4　灾区村庄基础设施限制程度评价

村庄编号	村名	是否通自来水	是否通路	是否通电	限制程度分级
1	麦朗村	1	1	1	低
2	多雄村	1	1	1	低
3	雪嘎村	1	1	1	低
4	派村	1	1	1	低
5	大渡卡村	1	1	1	低
6	索松村	1	1	1	低
7	格嘎村（直白村）	1	1	1	低
8	达林村（赤白村）	1	1	1	低
9	加拉村	1	1	1	低
10	多卡村	1	0	0	高
11	甘登村	1	0	0	高
12	龙列村	1	0	1	中
13	加热萨村	0	1	1	中
14	拉贡村	1	1	1	低
15	更帮村	1	1	1	低
16	达昂村	1	0	1	中
17	曾求村	1	1	1	低
18	五村共有地	1	0	1	中
19	七村共有地	1	0	1	中

注：1 代表是，0 代表否。

5. 村民生活设施

该项评价只针对拟搬迁村，数据来源于拟搬迁村庄的村委会及村民调查问卷，主要从出行、用水、用能、医疗、卫生设施五个方面考虑。依据调查问卷对村民出行、用水、用能、医疗、卫生设施的便利性进行好、一般、较差三种便利程度的分级。如果五个分级评价结果中没有出现“较差”结果，那么判定村民生活设施限制程度为“低”；如果分级中出现一个“较差”结果，那么判定限制程度为“中”；如果分级中出现两个及以上“较差”结果，那么判定限制程度为“高”。评价结果显示，直白村、赤白村和加拉村生活设施限制程度分别为低、低和中，多卡村和甘登村均为高，加热萨乡的各村也都为中或高（表4.5）。

表4.5　灾区村民生活设施限制程度评价

村庄编号	村名	出行	用水	用能	医疗	卫生设施	限制程度分级
7	格嘎村（直白村）	好	好	好	好	好	低
8	达林村（赤白村）	一般	好	一般	一般	一般	低
9	加拉村	好	一般	一般	好	较差	中
10	多卡村	较差	好	一般	较差	一般	高
11	甘登村	较差	好	一般	较差	好	高
12	龙列村	较差	一般	一般	较差	一般	高
13	加热萨村	一般	较差	一般	一般	较差	高
14	拉贡村	较差	一般	一般	较差	一般	高
15	更帮村	一般	一般	一般	一般	较差	中
16	达昂村	一般	一般	一般	一般	较差	中
17	曾求村	一般	一般	一般	一般	较差	中
18	五村共有地	较差	一般	一般	较差	一般	高
19	七村共有地	较差	一般	一般	较差	较差	高

4.1.3　限制因素综合评价

将上述5种限制因素评价结果综合，得出各村限制程度的总体结果。将各要素评价结果按照高、中、低等级分别赋值5、3、1；并将各要素的平均得分作为综合评价得分，得分＜2.5 判定为限制程度低，得分 2.5～3 为限制程度中等，得分≥3 为限制程度高。从评价结果可知，甘登乡限制程度高，加热萨乡次之，派镇最低（图 4.2 和表 4.6）。

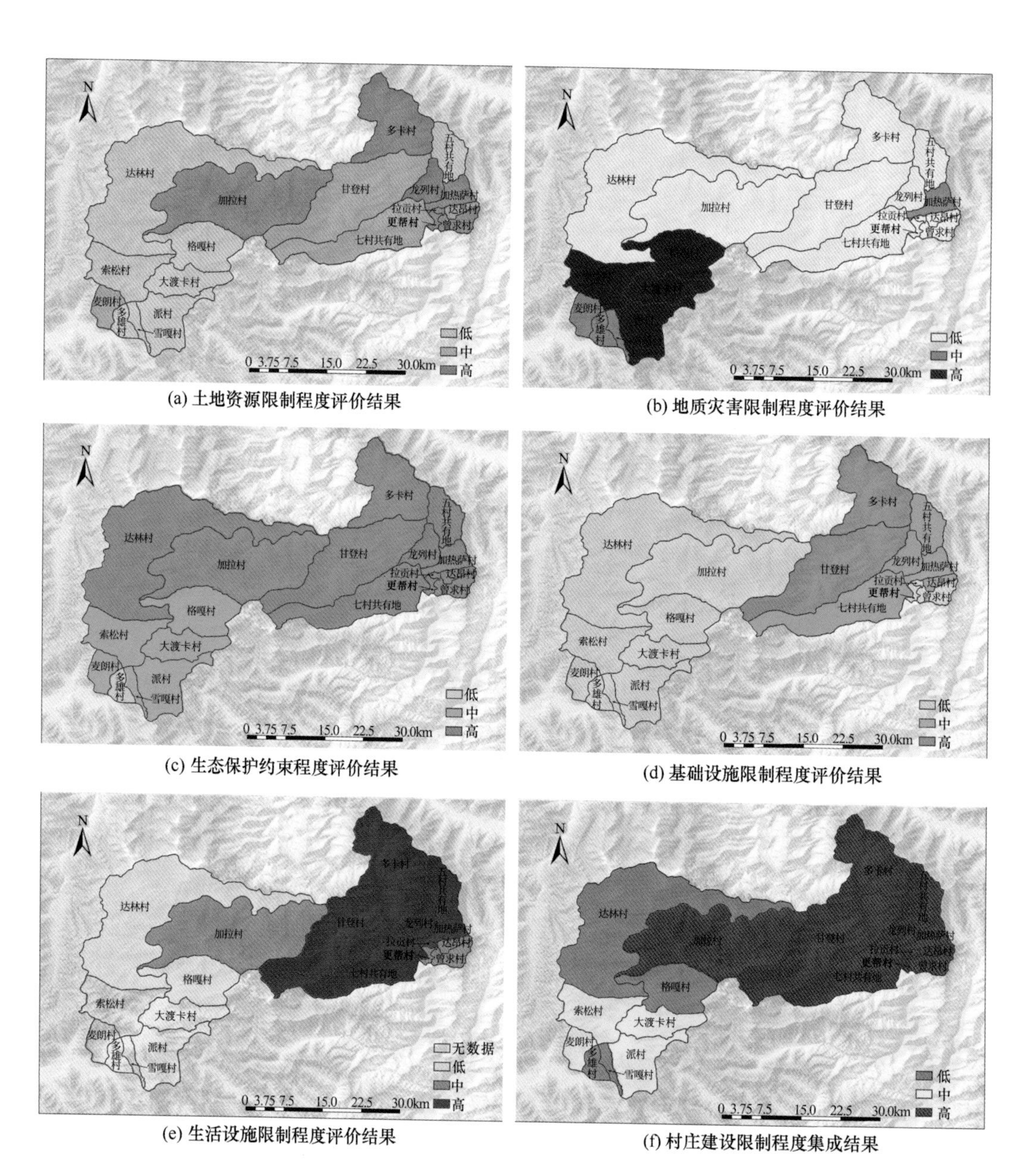

图 4.2 灾区村庄建设限制程度评价结果图

表 4.6　灾区村庄建设限制程度综合评价结果

村庄编号	村名	土地限制	地质灾害风险	生态保护约束	村庄基础设施	村民生活设施	综合得分	综合评价
1	麦朗村	3	3	3	1	—	2.50	中
2	多雄村	1	3	1	1	—	1.50	低
3	雪嘎村	1	3	3	1	—	2.00	低
4	派村	1	5	3	1	—	2.50	中
5	大渡卡村	1	5	3	1	—	2.50	中
6	索松村	1	5	3	1	—	2.50	中
7	格嘎村（直白村）	1	5	3	1	1	2.20	低
8	达林村（赤白村）	1	1	5	1	1	1.80	低
9	加拉村	5	1	5	1	3	3.00	高
10	多卡村	5	1	5	5	5	4.20	高
11	甘登村	3	1	5	5	5	3.80	高
12	龙列村	5	1	5	3	5	3.80	高
13	加热萨村	5	3	5	3	5	4.20	高
14	拉贡村	5	1	5	1	5	3.40	高
15	更帮村	5	1	5	1	3	3.00	高
16	达昂村	3	1	5	3	3	3.00	高
17	曾求村	5	1	5	1	3	3.00	高
18	五村共有地	1	1	5	3	5	3.00	高
19	七村共有地	3	1	5	3	5	3.40	高

4.2　拟迁村庄搬迁条件评估

4.2.1　拟迁村庄概述

1. 拟迁村基本情况

直白村是派镇格嘎行政村下辖的自然村，位于雅鲁藏布大峡谷景区深处，灾害发生时有 45 户 143 人，以藏族为主，其中学龄前（6 岁以下）儿童 10 人，60 岁以上人口 15 人。直白村收入来源主要为旅游收入、打零工、政策性补贴，人均纯收入达 22500 元，住房结构以石木结构为主，生活能源以薪柴为主。

赤白村是派镇达林行政村下辖的自然村，灾害发生时有 5 户 24 人，以藏族为主，根据农户调查问卷计算，赤白村人均纯收入达 9467 元，住房结构以石砌结构为主，生活能源以薪柴为主。

加拉村是派镇所辖的行政村，该行政村只有 1 个自然村，即加拉村。灾害发生时全村有 10 户 47 人，以藏族为主，其中学龄前（6 岁以下）儿童 3 人，60 岁以上人口 5 人，人均纯收入 18606 元，住房结构以石木结构为主，房屋面积平均为 162 m^2，生活能源以薪柴为主。

甘登村是甘登乡乡政府驻地村，地处墨脱县城以北约 112 km 处，基础设施极其落后，村集体活动场所设施低于全市标准，村内无公共休闲娱乐、文化活动场所。甘登村群众主要收入来源为村内项目施工费、政策性收入、骡马运输收入和农业收入，其中，项目施工费、骡马运输费用为不可持续性、不稳定性收入，人均纯收入 6333 元。

龙列村距乡政府 6 km，距县城约 88 km，以珞巴族为主，人口分布较为分散。生活方式为半农半牧，以农业为主，兼营牧业。人均纯收入 2400 元。

加热萨村曾是墨脱县深度贫困村之一，该村村委会所在地距乡政府驻地约 8 km，距县城约 85 km。以珞巴族为主，居民生活方式为半农半牧，以农业为主，兼营牧业，人口分布极为分散，共有居民 44 户 150 人，学生 31 人，其中小学生 21 人、初高中生 8 人、大学生 2 人，主要经济来源是骡马运输、种养殖和国家政策性补贴以及少量的石锅开采，人均纯收入 4167 元。

拉贡村距乡政府驻地约 3 km，以珞巴族为主，生活方式为半农半牧，以农业为主，兼营牧业，人口分布紧凑密集。人均纯收入为 4361 元。

更帮村位于乡政府驻地上方约 0.5 km，距县城约 90.5 km。以珞巴族为主，生活方式为半农半牧，以农业为主，兼营牧业，人口分布紧凑密集，共有居民 23 户 76 人，学生 17 人，其中小学生 14 人、初高中生 3 人、大学生 0 人，主要经济来源是骡马运输、种养殖和国家政策性补贴，人均纯收入 14911 元。

曾求村距离乡政府 5.1 km，距县城约 97 km，均为珞巴族，生活方式为半农半牧，以农业为主，兼营牧业，人口分布紧凑密集。学生 14 人，其中小学生 9 人、初高中生 5 人、大学生 0 人。主要经济来源是骡马运输、种养殖和国家政策性补贴以及少量的石锅开采。根据农户调查问卷统计，人均纯收入为 2825 元。

达昂村是加热萨乡最偏远的村庄，距乡政府 6.5 km，距县城约 89 km。以珞巴族为主，生活方式为半农半牧，以农业为主，兼营牧业，人口分布极其分散，学生 12 人，其中小学生 7 人、初高中生 4 人、大学生 1 人，主要经济来源是骡马运输、种养殖和国家政策性补贴。根据农户调查问卷统计，人均纯收入为 5933 元。

2. 历史灾害事件

资料记录显示，灾区历史上发生过两次冰川跃动事件：第一次发生于 1950 年藏历七月初二日傍晚，与 1950 年 8 月 15 日察隅 – 墨脱特大地震同一时期。地震的震级高达里氏 8.6 级，当时被称为是中国有史以来最大地震，在亚洲位列第二，那次地震强度大，震源浅，波及范围广，格林村、耶东村位于察隅 – 墨脱地震的极震区，烈度高达Ⅻ度。地震使局部地形、地貌发生改变，地面裂缝纵横，山脉、河岸发生大规模的崩塌、滑坡，森林、耕地、道路被毁，河流壅塞形成湖泊，那次地震甚至改变了墨脱更帮拉山至背崩的山河面貌。地震同时形成冰崩灾难，当时，发源于南迦巴瓦峰北坡的则隆弄冰川，在察隅 - 墨脱大地震时崩裂成六段，冰体在雅江大峡弯入口处形成一高数十米的冰坝，迫使江水断流，同时则隆弄冰川北侧支流因跃动冰体来不及汇入主流，结果冲决并越过海拔 4000 m 处新冰期和小冰期侧碛堤，沿则隆弄冰川北侧邻沟直白曲快速滑下，将沟口的直白村（距地震中心约 80000 m）夷为平地，约百人因此丧生；冰川跃动使冰舌由原来的海拔 3650 m 降至海拔 2750 m 雅江江畔，水平位移量达 4800 m，并阻断江水两天两夜，形成堰塞湖，堰塞湖最宽处大约 1000 m，派镇有四个村庄被淹。

第二次发生在 1968 年藏历七月，则隆弄冰川又一次跃动导致雅江堵塞，形成一高数十米的冰坝，次日上午它渐被冲决；此次冰川跃动冲埋了则隆弄沟口的一座木桥，回水淹毁了则隆弄冰川南侧邻沟路口曲沟口高出江面 50 m 处的一座水磨房。

另外，该区域雅江支流帕隆藏布的米堆冰川，在 1988 年也发生了一次跃动，并诱发冰崩和洪水，洪水将近 30000 m 的川藏公路冲毁，造成当地交通运输中断达半年之久。此外，2017 年 11 月 18 日，米林县发生 6.9 级地震，该地震与此次堵江灾难的关联程度还有待考证。

4.2.2　农户调查问卷分析

1. 农户收入水平

对比雅鲁藏布大峡谷堰塞湖灾区村庄农牧民人均纯收入，位于派镇的加拉村、直白村的农民人均纯收入高于林芝市、西藏自治区的农牧民人均纯收入，并远远高于墨脱县的甘登乡和加热萨乡的人均纯收入。根据农户调查问卷统计，直白村的人均纯收入高达 22500 元 /a，其中收入最低的为龙列村，人均纯收入为 2400 元 /a，仅为直白村的 10.67%（图 4.3）。

2. 农户收入来源

由于各个村庄的自然、区位、交通、资源等条件的不同，农户收入来源存在明显差别，结合受灾村庄的特点，将农户收入来源分解为工资性收入、家庭经营性收入和转移性收入三大类。根据农户调查问卷统计，工资性收入比例最高的为加热萨村，家庭经营性收入比例最高的为赤白村，转移性收入比例最高的为直白村。各村转移性收入主要来源于国家和地方政策性补贴、地方发展旅游业保护生态等名义的转移支付（包括旅游公司的分成）以及个别村民直接参与旅游业和基础设施建设服务中的收入（图 4.4）。

政策性收入是转移性收入的重要来源。多年来，西藏一直在实施着一系列的惠农政策，这些优惠政策使广大农牧民直接受益。例如，加拉村的 2016 ～ 2018 年人均纯收入 18000 元 /a 以上，收入来源主要为国家政策性收入、林下采集（林芝、虫草）和运输，所占比例分别为 50 %、40 % 和 10 %，其政策性收入占到其收入的 1/2。

旅游业收入成为农牧民收入的新来源。依托雅鲁藏布大峡谷，旅游业得到快速发展，相关服务业的劳动力需求增加。当地居民或通过雇工方式参与旅游业，获得工资性收

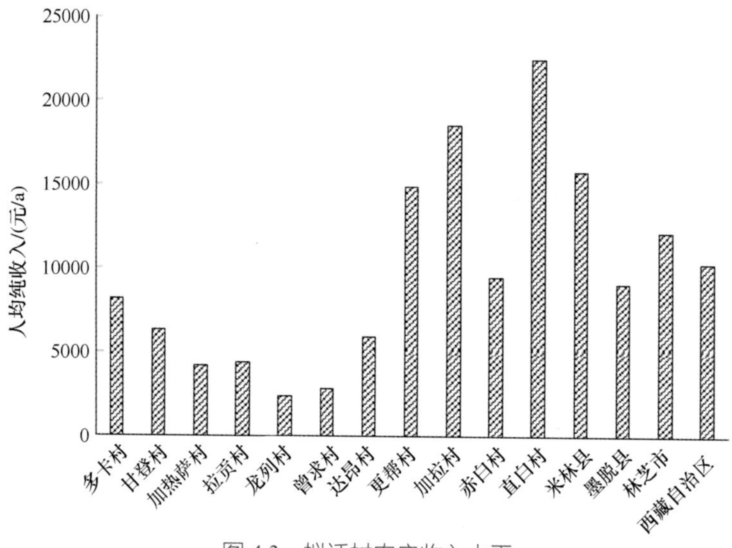

图 4.3 拟迁村农户收入水平

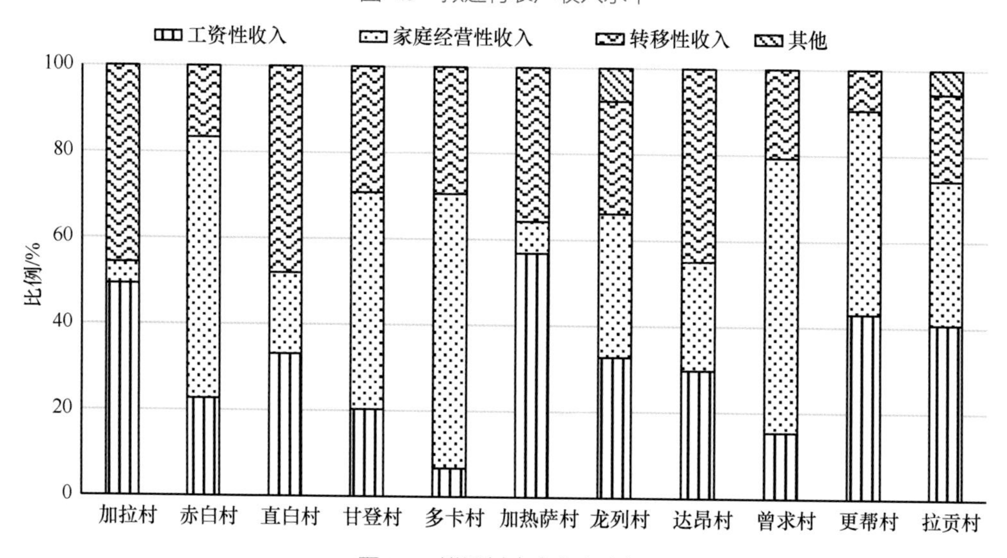

图 4.4 拟迁村农户收入来源

入；或通过开办家庭旅馆、组建旅游专业合作社等方式提供旅游服务获取收入；或直接从景区经营企业中获取旅游分成;旅游收入已成为当地农牧民的重要收入来源。例如，直白村的 2016 ～ 2018 年人均纯收入为 13000 ～ 22500 元 /a，通过参与旅游服务获取的收入占到人均收入的 30%。

运输业是农牧民收入的重要补充。以加拉村某农户为例，其固定工资 24000 元 /a，交通运输收入 200000 元 /a，林下采集 5000 元 /a，国家政策性补贴 9000 元 /a，交通运输收入占其总收入的 84%。交通运输主要是为当地小康村基础设施建设服务，每车运输费用 2000 元左右，由于项目建设的周期，运输业对群众长期、稳定增收存在不确定性。

3. 农户搬迁意愿

1）搬迁意愿

问卷结果显示，92.86% 的受访者愿意搬迁，1.43% 的受访者不愿意搬迁，5.71% 的受访者未回答该问题。其中，米林县派镇，93.47% 的受访者愿意搬迁，6.53% 的受访者未回答该问题；墨脱县甘登乡，100% 的受访者都愿意搬迁；墨脱县加热萨乡，88.24% 的受访者愿意搬迁，11.76% 的受访者不愿意搬迁（表 4.7）。

表 4.7　农户搬迁意愿及顾虑　（单位：户）

选项	加拉	赤白	直白	甘登	多卡	加热萨	龙列	达昂	曾求	更帮	拉贡
愿意	3	5	35	3	3	3	3	3	1	3	3
不愿意	0	0	—	0	0	0	0	0	2	0	0
搬迁后找不到工作	0	0	9	1	0	1	0	3	0	0	0
搬迁成本太高	0	0	10	1	1	1	0	0	0	0	0
城镇生活成本太高	0	0	9	0	0	2	0	0	0	0	0
语言交流困难	0	0	6	3	0	1	0	3	0	2	0
搬迁后无法种地	3	5	33	1	0	2	0	0	1	0	2
生活不习惯	0	0	9	2	3	3	0	3	0	0	0
对故土的留恋	0	0	17	0	0	0	0	3	2	0	2

2）搬迁顾虑

问卷结果显示，担心搬迁后可能面临以下问题：搬迁后无法种地（32.64%，该选项占灾区问卷总数的比例，下同）、对故土的留恋（16.67%）、生活不习惯（13.89%）、语言交流困难（10.41%）、搬迁后找不到工作（9.72%）、搬迁成本太高（9.03%）、城镇生活成本太高（7.64%）（表 4.7）。

各地对搬迁的顾虑略有差异，米林县派镇的农户，主要担心搬迁后无法种地（40.59%，该选项占本乡镇问卷总数的比例，下同）；墨脱县甘登乡的农户，主要担心搬迁后生活不习惯（41.67%）；墨脱县加热萨乡的农户主要顾虑是对故土的留恋（22.58%）、语言交流困难（19.35%）和生活不习惯（19.35%）等。

3）人口结构因素

加拉村和直白村 60 岁以上人口比例均超过 10%，因而，在搬迁后可能面临的问题中，几乎无一例外地选择了对故土的留恋。米林县的抚养比（6 岁以下和 60 岁以上人口占总人口比例）低于墨脱县。主要原因是墨脱县的学龄前儿童比重过高，其出生率高于米林县（表 4.8）。

表 4.8　农户家庭 60 岁以上和 6 岁以下人口状况　（单位：%）

村名	老龄人口比重	学龄前儿童比重	两者之和
直白村	10.49	6.99	17.48
赤白村	9.09	4.55	13.64
加拉村	10.64	6.38	17.02
多卡村	5.52	14.48	20.00
甘登村	12.71	12.71	25.42
龙列村	5.45	2.73	8.18
加热萨村	4.03	14.77	18.80
拉贡村	8.24	14.12	22.36
更帮村	7.59	15.19	22.78
曾求村	12.90	12.90	25.80
达昂村	10.29	20.59	30.88

注：甘登乡和加热萨乡数据来源于人口信息表，直白村、加拉村数据来源于村域调查问卷，赤白村数据来源于农户调查问卷。

4）出行困难因素

米林县的出行条件整体好于墨脱县。虽然灾区范围内基础设施状况已基本改善，但由于交通管理、地形起伏、路况较差等，墨脱县乡村到县城车程高于米林县乡村，生活不便，到林芝市车程更是远远高于米林县乡村，而乡村到乡镇的车程则差别不大（表 4.9）。

表 4.9　农牧民日常出行时间　（单位：小时）

村名	到乡镇时间	到县城车程	到林芝车程
直白村	0.5	2	2.5
赤白村	3	4	5
加拉村	1.5	3	3
多卡村	3	10	19
甘登村	0	10.5	19
龙列村	1	5	14
加热萨村	0	4	12
拉贡村	1	5	14
更帮村	0.2	4	10
曾求村	0.2	4	10
达昂村	0.2	4	10

5）收入损失因素

村庄搬迁后，居民收入的损失主要表现为边境补贴、旅游业补贴等针对特定地方的政府政策性补贴减少或者失去，村民因当地居民身份可便利参与旅游业服务而获得隐性收入的机会丧失，村民因此会丧失对耕地、草场、林地的经营、管护机会，以及由此获得的经营收入、生态补贴。派镇三个村位于雅鲁藏布大峡谷景区深处，不少村民收入来源中依靠特定地方补贴和当地旅游资源的直接、间接收入合计达八成左右，有些村民通过开办家庭旅馆、组建旅游专业合作社等方式直接参与旅游业。墨脱县的甘登、加热萨两乡，主要的成本是耕地和草场的损失。

4.2.3　搬迁条件评估

1. 评估指标

评估指标考虑潜在灾害威胁、生态保护约束、灾后救助难度、村民自我救助能力、村民主观选择 5 类因素，依托村庄建设限制因素的面上分析，结合农户问卷调查和相关统计资料，共设计了 15 项指标（表 4.10）。

表 4.10　拟迁村庄搬迁条件评估指标

因素	指标	评价依据	评价方法
潜在灾害威胁	地质灾害（X1）	灾前隐患点数量、规模、威胁对象；灾后稳定性排查及新增隐患点	规模大、威胁居民点、稳定性差，则风险大；如稳定，则风险小
	淹没风险（X2）	村庄与江面相对高差，未来堵江位置、规模及水位预判	根据未来堵江水位上涨幅度接近或超过村庄与江面高差的可能性评估
	冰川移动及泥石流威胁（X3）	未来两山峰冰川崩塌下移的可能性及下移方向、路线和速度，村庄与最近冰峰的距离	根据未来两山峰冰川崩塌下移的可能性、下移方向、路线和速度及村庄与冰峰的最近距离综合评价
	历史灾害事件（X4）	历史灾害规模、危害程度、成因	根据灾害发生的时间周期和可能规模，评估再次发生灾害时村庄面临的风险
生态保护约束	生态重要性（X5）	生态重要性指标评价结果	根据重要生态面积占比确定
	生态敏感性（X6）	生态敏感性指标评价结果	根据敏感生态面积占比确定
灾后救助难度	进入便利性（X7）	公路、过江通道、进 / 出时间，公路因灾易损可能	公路按等级、桥梁按有无、时间按到乡县市分级，公路易损按江边、地质灾害点位置
	人口数量（X8）	村庄现有常住人口数	按 50 人、100 人、150 人以上分级
	就近安置便利性（X9）	村庄所在乡镇的土地资源评价结果	按村庄户数、人口规模和乡镇可安置土地的规模综合评价
村民自我救助能力	收入水平（X10）	过去 3 年的户均 / 人均收入（问卷调查），米林 / 墨脱、林芝、西藏的人均收入	根据和米林 / 墨脱、林芝、西藏平均水平的对比进行综合评价
	年龄结构（X11）	60 岁以上、6 岁以下人口数（问卷调查）	根据各年龄段人口数量的比重评价
	知识储备（X12）	人口教育结构（统计数据）	根据受教育程度综合评价
村民主观选择	收入来源（X13）	国家政策补贴、地方政策补贴（生态保护、旅游等）、土地收入（问卷调查）	按各种收入来源的结构比例进行综合评价
	谋生能力（X14）	民族结构、汉语掌握能力（问卷调查）	按各种能力综合评价
	迁移意愿（X15）	问卷调查	根据问卷调查

2. 各村评估结果

对拟搬迁的 11 个村的 15 项指标分别进行评估，按照是否具备搬迁条件将评估结果分为满足（搬迁条件）、（搬迁条件）不足和无（搬迁条件）三种类型，然后根据对各项指标重要性的判断确定五类因素的评估结果，最后将五类因素分为三大类，分别为：自然因素（第 1、2 类）、救助因素（第 3、4 类）、主观因素（第 5 类），根据三大类因素的评估结果综合评判搬迁条件（图 4.5）。

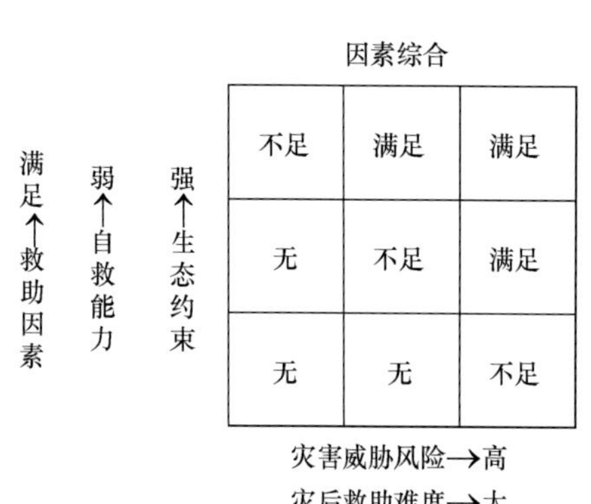

图 4.5　村庄搬迁条件判断矩阵

集成评估结果，满足搬迁条件的有 8 个行政村，分别为米林县派镇的加拉村，墨脱县甘登乡的多卡村和甘登村，加热萨乡的龙列村、加热萨村、拉贡村、更帮村和达昂村，主要条件是生态约束、救助难度和主观意愿。其余 3 个村（直白村、赤白村和曾求村）均搬迁条件不足，其中米林县派镇的直白村主要是因为人口较多，就近安置有条件，村民有一定的自救能力。米林县派镇的赤白村主要是因为人口不多，且可就近安置，救助因素不足以支撑搬迁条件。墨脱县加热萨乡的曾求村主要是因为村民搬迁意愿不强，主观因素不足。

3. 各村搬迁条件评估

1）直白村

有一定灾害风险、生态约束强，自然因素满足；救助难度大，但人口较多，就近安置有条件，村民有一定的自救能力，救助因素不足以支撑搬迁条件；收入依托本地比重较高，村民有搬迁意愿，主观因素满足（表 4.11）。

综合评价：搬迁条件不足。

2）赤白村

有一定灾害风险、生态约束强，自然因素满足；救助难度大，但人口不多，且可就近安置，救助因素不足以支撑搬迁条件；收入依托本地比重较高，村民有搬迁意愿，主观因素满足（表 4.12）。

综合评价：搬迁条件不足。

表 4.11　直白村搬迁条件评估

因素	指标	依据	评价	条件具备
潜在灾害威胁	X1	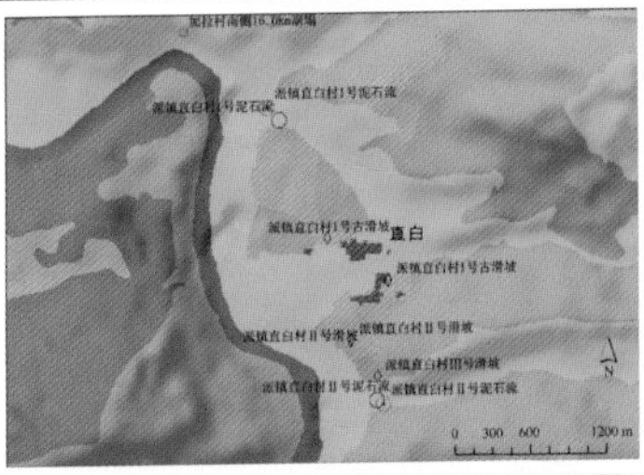	直白村共有 4 个灾前隐患点，有 1 个中型滑坡（Ⅰ号）威胁居民点，其余主要威胁公路与农田；灾后新增一个滑坡点（Ⅲ号）。灾后排查结果显示，以上隐患点稳定，发生地质灾害可能性低	不足
	X2	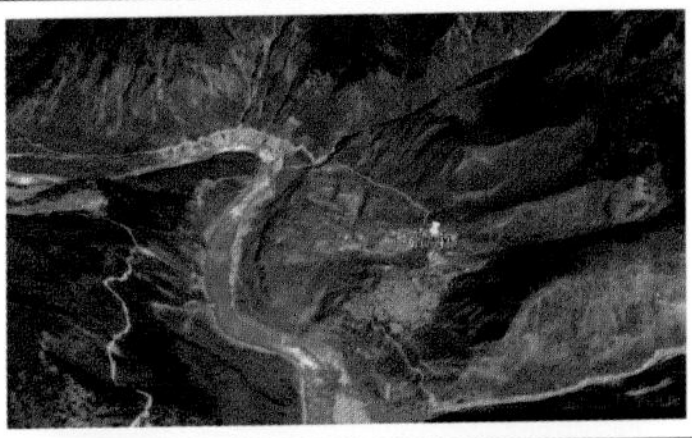	位于 2018 年 10 月 17 日堵江点上游约 26000 m 处；村庄最低海拔与最近距离江面的高程差约为 145 m，距最近江岸约 900 m。存在淹没风险，但需要进一步的评估	满足
	X3	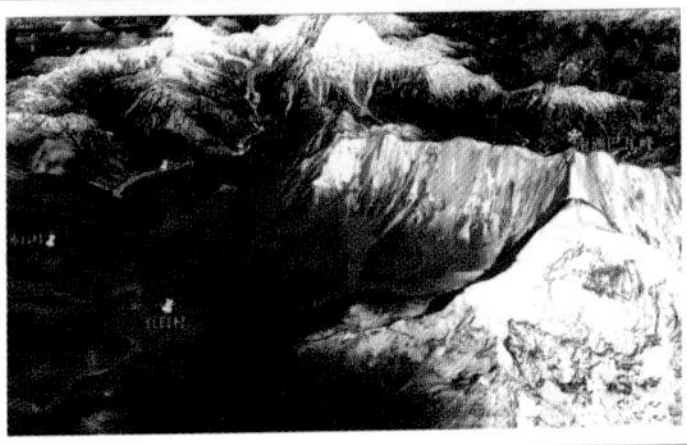	位于南迦巴瓦峰西侧，主要受三条下泄流影响，有两条较大，可形成汇流，沿村边直流沟下泄构成威胁。汇流点距离村界最近点约 5300 m，与村界上游高程差约 1000 m。存在风险不确定性	不足
	X4	第一次，1950 年则隆弄冰川由海拔 3650 m 降至海拔 2750 m 的雅江江畔，水平位移量达 4800 m；直白村夷为平地，约百人因此丧生。第二次，1968 年雅江遭堵，堵江时间 8 ～ 12 h，建筑物毁损	第一次事件，危害严重，风险评价等级极高；第二次事件，风险评价等级一般。两次间隔时间 18 年，未来发生可能及风险程度不确定	不足
生态保护约束	X5	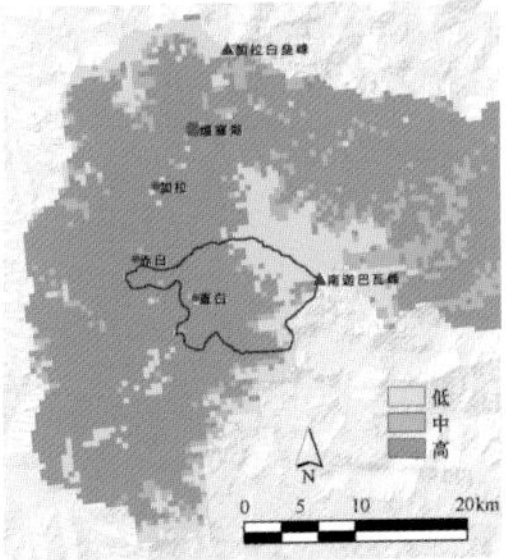	生态重要性的评价针对海拔 3500 m 以下的范围（下同），直白村生态重要性高值区域面积为 22.19 km^2，占比 93.63%	满足
	X6	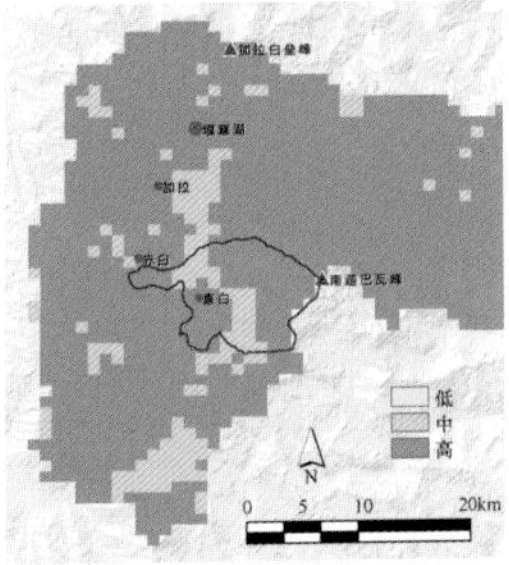	生态敏感性的评价针对海拔 3500 m 以下的范围（下同），直白村生态敏感性高值区域面积为 20.28 km^2，占比 85.57%	满足

续表

因素	指标	依据	评价	条件具备
灾后救助难度	X7	公路等级多为县级以下公路，进村公路位于江边，路基不实，堵江后极易坍塌、损毁，有些同时还有地质灾害隐患威胁	公路等级低，灾后公路易损性高，进入难度大，救助难度大	满足
	X8	直白村现有 45 户 143 人	人数超过 100 人，具有一定规模，安置有一定难度	满足
	X9	直白村可安置土地面积合计 0.91km²	土地资源充足，满足就近安置要求	不足
村民自我救助能力	X10	人均纯收入 22500 元，分别是米林、林芝、西藏的 1.42 倍、1.84 倍、2.18 倍	收入较高，具备一定的自救能力	不足
	X11	年龄小于 6 岁的 10 人，年龄大于 60 岁的 15 人，6 岁以下及 60 岁以上人口户均 0.56 人，比重不到户均人口的 17%	户均不到 1 人，应急自救比较方便	不足
	X12	米林县小学及以下比例 82%，受教育年限平均为 5.68 年，文盲率 31.93%	受教育程度低，应急自救意识和能力有限	满足
村民主观选择	X13	经营性收入、转移性收入比重为 66.84%，工资性收入：经营性收入：转移性收入为 33.16 ∶ 18.86 ∶ 47.98	收入大部分依托当地资源条件以及属地补贴政策，迁移成本较高	不足
	X14	藏族比例为 100%，能用汉语交流的比例 46.15%	户均会讲汉语人口 1 ～ 2 人，有一定的外界交流能力	满足
	X15	在搬迁意愿调查中，绝大多数的人愿意搬迁	参与调查者，超过九成的人愿意搬迁，说明其主观选择意愿高	满足

表 4.12　赤白村搬迁条件评估

因素	指标	依据	评价	条件具备
潜在灾害威胁	X1	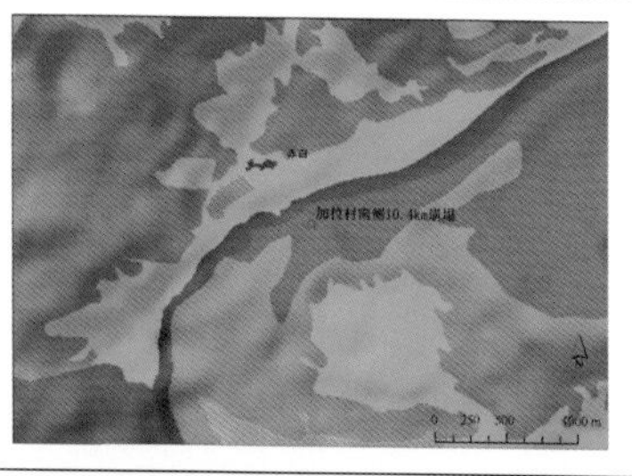	江对岸有小型崩塌隐患点，灾后排查稳定，威胁程度小	不足
	X2		位于 2018 年 10 月 17 日堵江点上游约 17000 m 处；村庄最低海拔与最近距离江面的高程差约为 110 m，距最近江岸距离约 263 m。淹没风险较高，需要进一步评估	满足
	X3	无	无	无
	X4	无	无	无

续表

因素	指标	依据	评价	条件具备
生态保护约束	X5	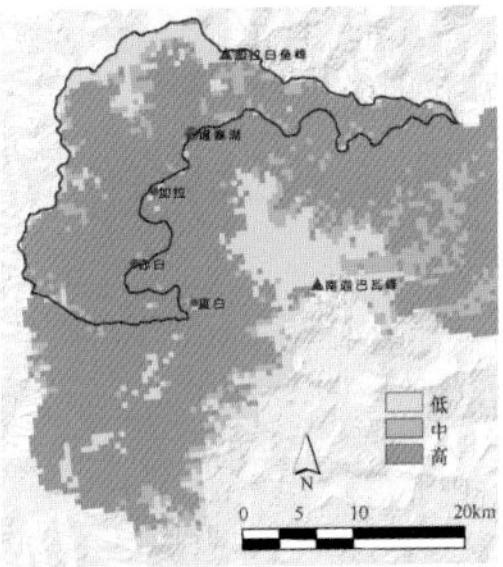	赤白村生态重要性高值区域面积为 80.83 km^2，占比为 88.87%	满足
	X6	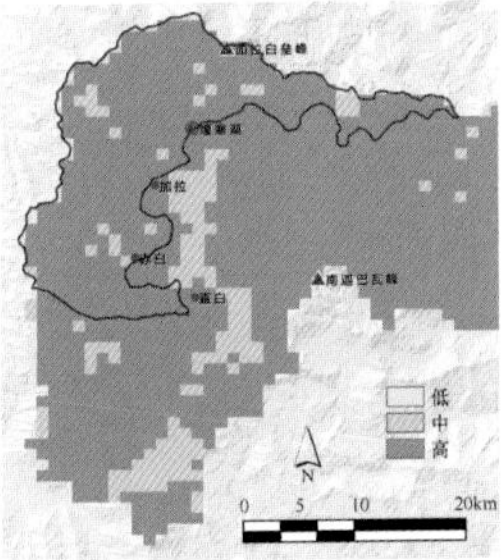	赤白村生态敏感性高值区域面积为 84.67 km^2，占比为 93.10%	满足
灾后救助难度	X7	公路等级多为县级以下公路，进村公路位于江边，路基不实，堵江后极易坍塌、损毁，同时受南岸公路毁损影响，极难进入	公路等级低，进入难度大；灾后公路易损性高	满足
	X8	现有 5 户 24 人，户均人口 4.8 人	总人数少于 50 人，救助相对容易	不足
	X9	赤白村可安置土地面积合计 0.41 km	土地资源充足，满足就近安置要求	不足
村民自我救助能力	X10	人均纯收入超过 9467 元，是米林县的 60%，林芝市的 77%，西藏的 92%	收入较低，具备一定的自救能力	满足
	X11	年龄小于 6 岁的 1 人，年龄大于 60 岁的 2 人，6 岁以下及 60 岁以上户均 0.6 人	户均不到 1 人，应急自救比较方便	不足
	X12	米林县小学及以下比例 82%，受教育年限平均为 5.68 年，文盲率为 31.93%	受教育程度低，应急自救意识和能力有限	满足
村民主观选择	X13	经营性收入、转移性收入比重合计为 77.28%，工资性收入：经营性收入：转移性收入为 22.72 ： 60.74 ： 16.54	收入大部分依托当地资源条件以及属地补贴政策，迁移成本较高	不足
	X14	藏族比例为 100%，能用汉语交流比例 17.65%，户均会讲汉语人口 0.82 人	户均会讲汉语人口不足 1 人，远出谋生交流有障碍	不足
	X15	在搬迁意愿调查中，绝大多数的人愿意搬迁	参与调查者，超过九成的人愿意搬迁，说明其主观选择意愿高	满足

3）加拉村

淹没风险较高、生态约束强，自然因素满足；救助难度大，人口不多，就近安置有难度，救助因素满足搬迁条件；收入依托本地比重较高，村民有搬迁意愿，主观因素满足（表 4.13）。

综合评价：搬迁条件满足。

表 4.13　加拉村搬迁条件评估

因素	指标	依据	评价	条件具备
潜在灾害威胁	X1	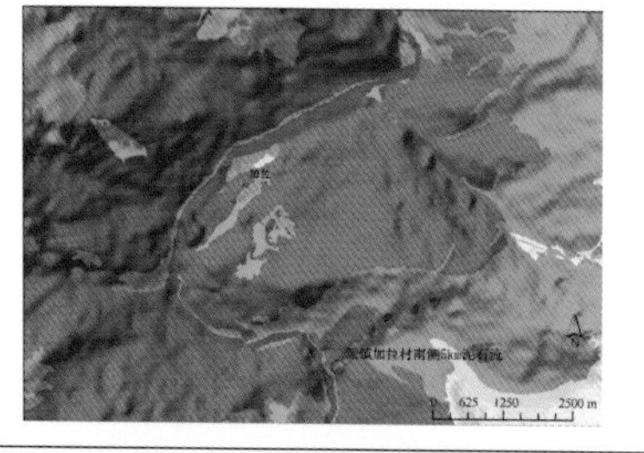	上游 5800 m 处有中型泥石流灾害点，灾后排查稳定，威胁程度小	不足
	X2		位于 2018 年 10 月 17 日堵江点上游约 6700 m 处；村庄最低海拔与最近距离江面的高程差约 53 m，距最近江岸距离约 180 m。淹没风险较高，需要进一步评估	满足
	X3	无	无	无
	X4	无	无	无
生态保护约束	X5	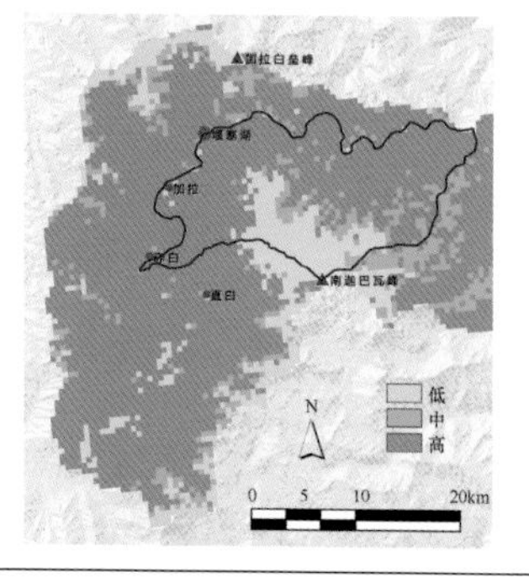	生态重要性高值区域面积为 93.80 km^2，占比 95.07%	满足
	X6 	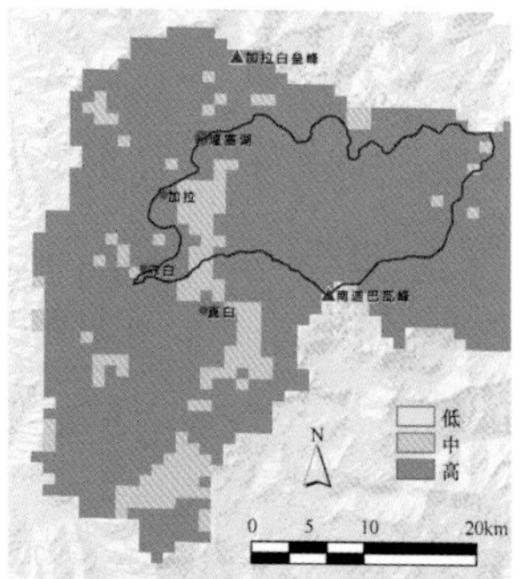	加拉村生态敏感性高值区域面积为 89.06 km^2，占比 90.27%	满足

续表

因素	指标	依据	评价	条件具备
灾后救助难度	X7	公路等级多为县级以下公路，进村公路位于江边，路基不实，堵江后极易坍塌、损毁，有些同时还有地质灾害隐患威胁	公路等级低，灾后公路易损性高，进入难度大，救助难度大	满足
	X8	加拉村现有 10 户 47 人，户均人口 4.7 人	总人数少于 50 人，救助相对容易	不足
	X9	可安置土地面积合计 0.001 km^2	土地资源十分紧张，临时安置不足 10 户	满足
村民自我救助能力	X10	加拉村人均纯收入超过 18606 元，是米林县的 1.18 倍，林芝市的 1.52 倍，西藏的 1.80 倍	收入较高，具备一定的自救能力	不足
	X11	年龄小于 6 岁的 3 人，大于 60 岁的 5 人，6 岁以下及 60 岁以上户均 0.8 人	户均不到 1 人，应急自救比较方便	不足
	X12	米林县小学及以下比例 82%，受教育年限平均为 5.68 年，文盲率 31.93%	受教育程度低，应急自救意识和能力有限	满足
村民主观选择	X13	经营性收入、转移性收入比重合计为 50.6%，工资性收入：经营性收入：转移性收入为 49.40 ∶ 4.94 ∶ 45.66	收入一半以上依托当地资源条件以及属地补贴政策，有一定的迁移成本	不足
	X14	藏族比例为 100%，能用汉语交流比例为 30.30%；户均讲汉语人口 1.4 人	户均会讲汉语人口 1 ～ 2 人，有一定的外界交流能力	满足
	X15	在搬迁意愿调查中，绝大多数人愿意搬迁	参与调查者，100% 的人愿意搬迁，说明其主观选择意愿高	满足

4）多卡村

灾害风险较小，生态约束强，自然因素满足；救助难度大，人口较多，就近安置有难度，救助因素满足；收入不高，且多依赖政策补贴，村民有搬迁意愿，主观因素满足（表 4.14）。

综合评价：搬迁条件满足。

表 4.14　多卡村搬迁条件评估

因素	指标	依据	评价	条件具备
潜在灾害威胁	X1	无	无	无
	X2	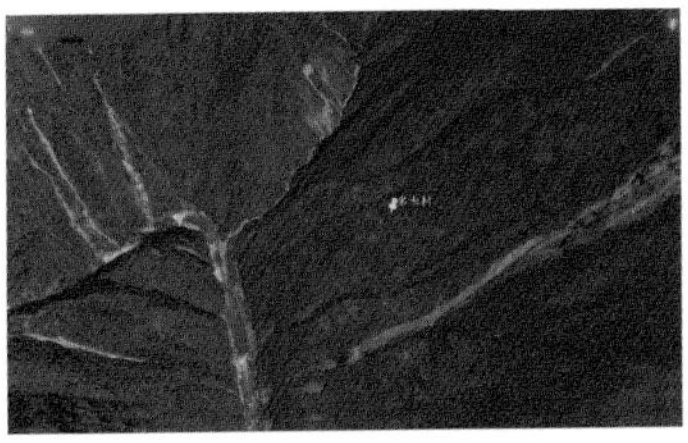	位于雅江大拐弯下游，村庄最低海拔与最近距离江面的高程差约为 620 m，距最近江岸距离约为 1100 m。无淹没风险	无
	X3	无	无	无
	X4	无	无	无

续表

因素	指标	依据	评价	条件具备
生态保护约束	X5	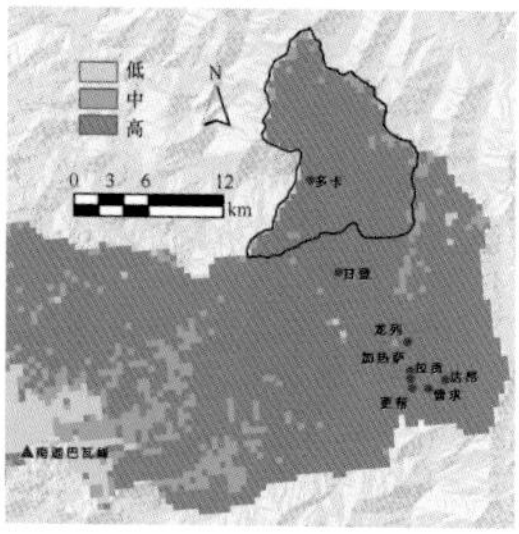	生态重要性高值区域面积为 94.16 km^2，占比为 96.70%	满足
	X6	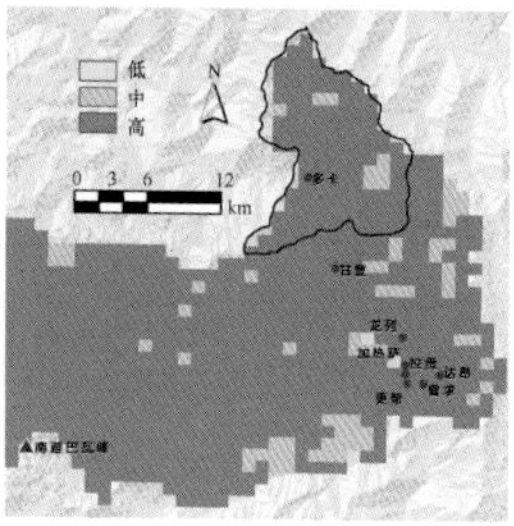	生态敏感性高值区域面积为 85.30 km^2，占比为 87.60%	满足
灾后救助难度	X7	地处陡坡，不同公路，宽度不足 1 m 的小路，入户道路路况极差	道路等级低，进入难度极大；灾后公路易损性高	满足
	X8	现有 32 户 145 人，户均人口 4.5 人	人数超过 100 人，救助相对困难	满足
	X9	土地资源限制极大，找不到集中成片的土地	无可安置土地资源	满足
村民自我救助能力	X10	人均收入 8167 元，是墨脱县的 90%，林芝市的 67%，西藏的 79%	收入较低，自救能力有限	满足
	X11	年龄小于 6 岁的 21 人，年龄大于 60 岁的 8 人，6 岁以下及 60 岁以上人口户均 0.9 人	户均不到 1 人，应急自救较为方便	不足
	X12	墨脱县小学及以下比例 93.53%，平均教育年限为 4.7 年，文盲率 39%	受教育程度低，应急自救意识和能力有限	满足
村民主观选择	X13	经营性收入、转移性收入比重合计为 93.39%，工资性收入：经营性收入：转移性收入为 6.61 ： 63.87 ： 29.52	收入大部分依托当地资源条件以及属地补贴政策，有一定的迁移成本	不足
	X14	藏族：珞巴族：门巴族为 35 ： 12 ： 53，能用汉语交流比例 20%，户均讲汉语 0.91 人	户均会讲汉语人口不足 1 人，远出谋生交流有障碍	不足
	X15	在搬迁意愿调查中，绝大多数的人愿意搬迁	参与调查者，100% 的人愿意搬迁，说明其主观选择意愿高	满足

5）甘登村

灾害风险较小，生态约束强，自然因素满足；救助难度大，人口较多，但有就近安置条件，救助因素不足；收入不高，且多依赖政策补贴，村民有搬迁意愿，主观因素满足（表 4.15）。

综合评价：搬迁条件满足。

表 4.15　甘登村搬迁条件评估

因素	指标	依据	评价	条件具备
潜在灾害威胁	X1	无	无	无
	X2		位于雅江大拐弯下游，村庄最低海拔与最近距离江面的高程差约为 930 m，距最近江岸距离约为 1800 m。无淹没风险	无
	X3	无	无	无
	X4	无	无	无
生态保护约束	X5	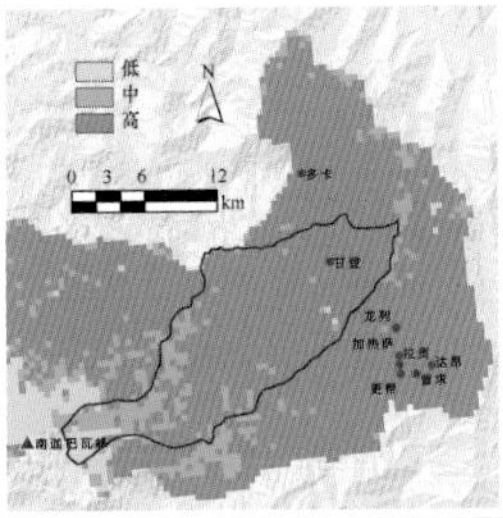	生态重要性高值区域面积为 139.31 km^2，占比为 97.80%	满足
	X6	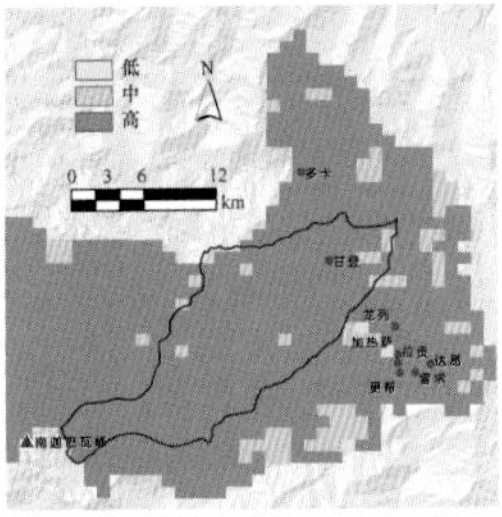	生态敏感性高值区域面积为 137.56 km^2，占比为 96.57%	满足
灾后救助难度	X7	村内入户道路路况极差，除乡政府机关至村口的唯一一条主干道外，全部为宽度不足 1 m 的小路	道路等级低，进入难度大。灾后公路易损性高	满足
	X8	甘登村现有 58 户 179 人，户均人口 3.0 人	人数超过 100 人，安置相对困难	不足
	X9	甘登村可安置土地面积 0.02 km^2	有一定临时安置土地，可满足现有人口安置	不足
村民自我救助能力	X10	农牧民人均纯收入 6333 元，是墨脱县的 70%，是林芝市的 52%，是西藏的 61%	收入较低，自救能力有限	满足
	X11	年龄小于 6 岁的 23 人，年龄大于 60 岁的 23 人，6 岁以下及 60 岁以上人口户均 0.77 人	户均不到 1 人，应急自救较为方便	不足
	X12	墨脱县小学及以下比例 93.53%，平均教育年限为 4.7 年，文盲率 39%	受教育程度低，应急自救意识和能力有限	满足
村民主观选择	X13	经营性收入、转移性收入比重合计为 79.68%，工资性收入：经营性收入：转移性收入为 20.32 ∶ 50.41 ∶ 29.27	收入大部分依托当地资源条件以及属地补贴政策，有一定的迁移成本	不足
	X14	藏族：珞巴族：门巴族：其他民族为 44 ∶ 39 ∶ 15 ∶ 2，能用汉语交流的比例 12.5%。户均讲汉语人口 0.62 人	户均会讲汉语人口不足 1 人，远出谋生交流有障碍	不足
	X15	在搬迁意愿调查中，绝大多数的人愿意搬迁	参与调查者，100% 的人愿意搬迁，说明其主观选择意愿高	满足

6）龙列村

灾害风险较小，生态约束强，自然因素满足；救助难度大，人口较多，就近安置有难度，救助因素满足；收入不高，且多依赖政策补贴，村民有搬迁意愿，主观因素满足（表 4.16）。

综合评价：搬迁条件满足。

表 4.16　龙列村搬迁条件评估

因素	指标	依据	评价	条件具备
潜在灾害威胁	X1	无	无	无
	X2		位于雅江大拐弯下游，村庄最低海拔与最近距离江面的高程差约为 910 m，距最近江岸距离约为 1500 m。无淹没风险	无
	X3	无	无	无
	X4	无	无	无
生态保护约束	X5	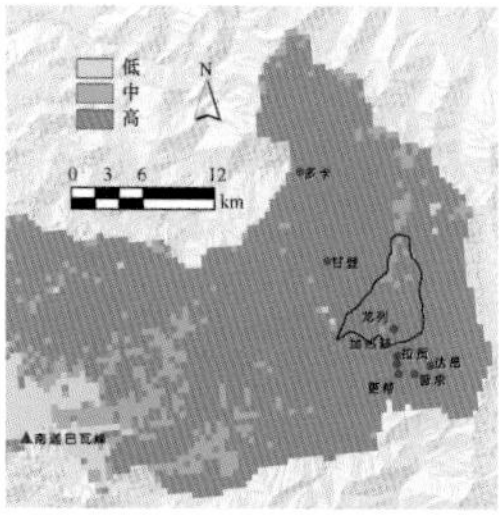	生态重要性高值区域面积为 27.27 km^2，占比为 96.05%	满足
	X6	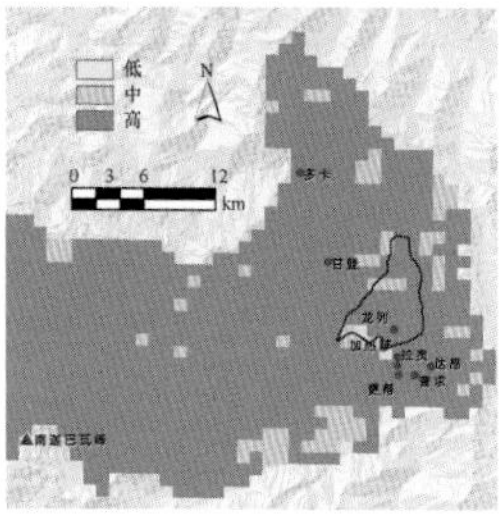	生态敏感性高值区域面积为 23.54 km^2，占比为 82.92%	满足
灾后救助难度	X7	公路等级多为 4 级以下乡村公路、骡马路	公路等级低，进入难度大	满足
	X8	现有 28 户 110 人，户均 3.9 人	人数超过 100 人，安置相对困难	不足
	X9	土地资源限制极大，找不到集中成片的土地	无可安置土地资源	满足
村民自我救助能力	X10	龙列村农牧民人均纯收入 2400 元，是墨脱县的 26%，林芝市的 20%，西藏的 23%	收入低，自救能力有限	满足
	X11	年龄小于 6 岁的 3 人，年龄大于 60 岁的 6 人。6 岁以下及 60 岁以上人口户均 0.32 人，其比重仅为户均人口的 8%	户均不到 1 人，应急自救较为方便	不足
	X12	墨脱县小学及以下比例 93.53%，平均教育年限为 4.7 年，文盲率 39%	受教育程度低，应急自救意识和能力有限	满足

续表

因素	指标	依据	评价	条件具备
村民主观选择	X13	经营性收入、转移性收入合计为 59.64%，工资性收入：经营性收入：转移性收入：其他为 32.74 ： 33.45 ： 26.19 ： 7.62	收入一半以上依托当地资源条件以及属地补贴政策，有一定的迁移成本	不足
	X14	珞巴比例为 100%，能用汉语交流比例 7.69%。户均讲汉语人口 0.38 人，占户均人口的 10%	户均会讲汉语人口不足 1 人，远出谋生交流有障碍	不足
	X15	在搬迁意愿调查中，绝大多数的人愿意搬迁	参与调查者，100% 的人愿意搬迁，说明其主观选择意愿高	满足

7）加热萨村

有一定的灾害风险，生态约束强，自然因素满足；救助难度大，人口较多，就近安置有难度，救助因素满足；收入不高，转移性收入占较大部分，自救能力有限；村民有搬迁意愿，主观因素满足（表 4.17）。

综合评价：搬迁条件满足。

表 4.17　加热萨村搬迁条件评估

因素	指标	依据	评价	条件具备
潜在灾害威胁	X1		加热萨村中型崩塌体威胁，灾体稳定，威胁低	不足
	X2		位于雅江大拐弯下游，加热萨村村庄最低海拔与最近距离江面的高程差约为 610 m，距最近江岸距离约为 1100 m，无淹没风险	不足
	X3	无	无	无
	X4	无	无	无
生态保护约束	X5	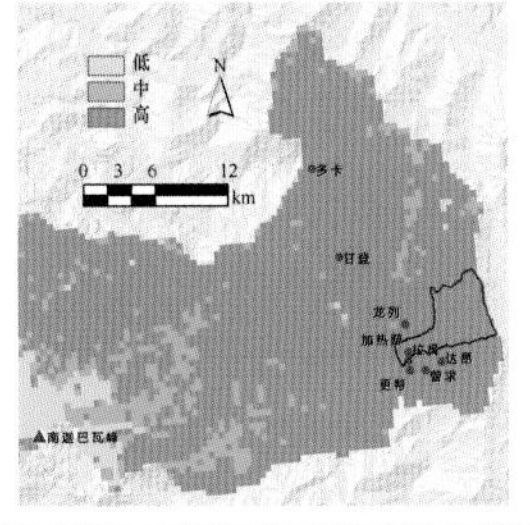	生态重要性高值区域面积为 22.16 km^2，占比为 99.91%	满足

续表

因素	指标	依据	评价	条件具备
生态保护约束	X6	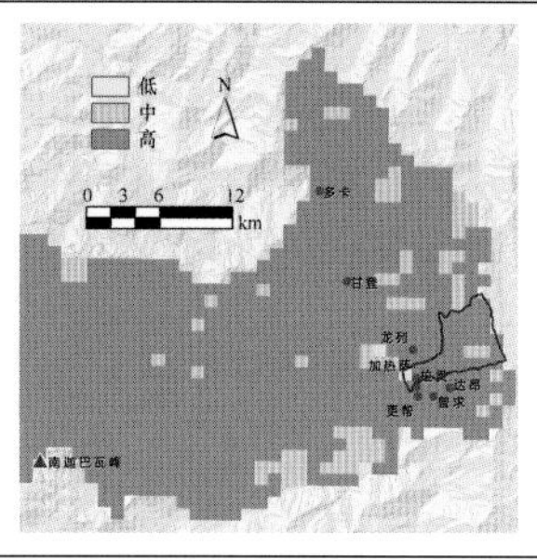	生态敏感性高值区域面积为 19.24 km^2，占比为 86.74%	满足
灾后救助难度	X7	公路等级多为 4 级以下乡村公路、骡马路	公路等级低，进入难度大	满足
	X8	44 户 150 人，户均人口 3.4 人	人数超过 100 人，安置相对困难	不足
	X9	土地资源限制极大，找不到集中成片的土地	无可安置土地资源	满足
村民自我救助能力	X10	人均纯收入 4167 元，是墨脱县的 46%，林芝市的 34%，西藏的 40%	收入低，自救能力有限	满足
	X11	年龄小于 6 岁的 22 人，年龄大于 60 岁的 6 人。6 岁以下及 60 岁以上人口户均 0.64 人，其比重仅为户均人口的 19%	户均不到 1 人，应急自救较为方便	不足
	X12	墨脱县小学及以下比例 93.53%，平均教育年限为 4.7 年，文盲率 39%	受教育程度低，应急自救意识和能力有限	满足
村民主观选择	X13	经营性收入、转移性收入比重合计为 43.12%，工资性收入：经营性收入：转移性收入为 56.88 ∶ 7.34 ∶ 35.78	较少依赖当地资源条件以及相关政策，迁移成本低	满足
	X14	珞巴族比例 100%，能用汉语交流比例 10%。户均讲汉语人口 0.34 人	户均会讲汉语人口不足 1 人，远出谋生交流有障碍	不足
	X15	在搬迁意愿调查中，绝大多数的人愿意搬迁	参与调查者，100% 的人愿意搬迁，说明其主观选择意愿高	满足

8）拉贡村

灾害风险较小，生态约束强，自然因素满足；救助难度大，人口较少，就近安置有难度，救助因素满足；收入低，且多依赖政策补贴，村民有搬迁意愿，主观因素满足（表 4.18）。

综合评价：搬迁条件满足。

9）更帮村

有一定的灾害风险，生态约束强，自然因素满足；救助难度大，人口较少，就近安置有难度，救助因素满足；收入较高，且多依赖政策补贴，村民有搬迁意愿，主观因素满足（表 4.19）。

综合评价：搬迁条件满足。

表 4.18　拉贡村搬迁条件评估

因素	指标	依据	评价	条件具备
潜在灾害威胁	X1	无	无	无
	X2		位于雅江大拐弯下游，村庄最低海拔与最近距离江面的高程差约为 452 m，距最近江岸距离约为 800 m，无淹没风险	无
	X3	无	无	无
	X4	无	无	无
生态保护约束	X5	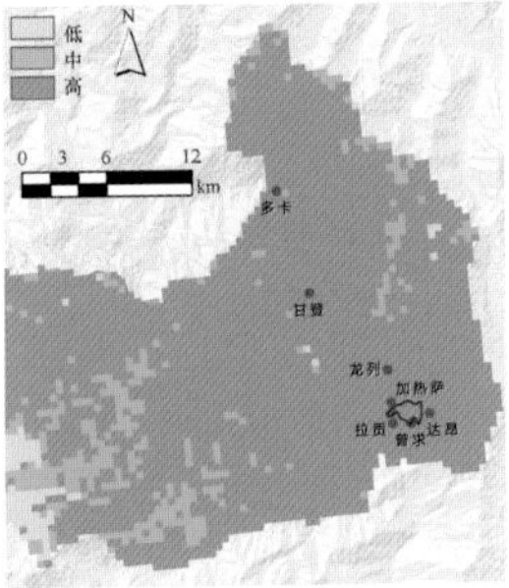	生态重要性高值区域面积为 2.33 km^2，占比为 99.57%	满足
	X6	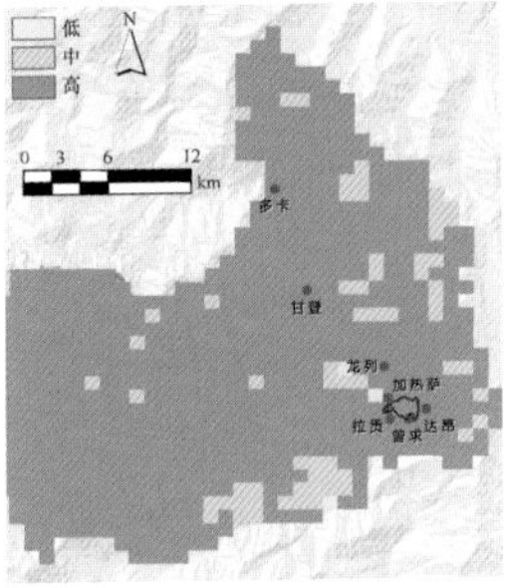	生态敏感性高值区域面积为 2.33 km^2，占比为 99.57%	满足
灾后救助难度	X7	村内 2018 年上半年相继实现了通路	公路等级低，进入难度较大	满足
	X8	现有 21 户 85 人，户均人口 4.0 人	人数不到 100 人，安置相对容易	满足
	X9	土地资源限制极大，找不到集中成片的土地	无可安置土地资源	满足
村民自我救助能力	X10	人均纯收入 4361 元，是墨脱县的 48%，林芝市的 36%，西藏的 42%	收入低，自救能力有限	满足
	X11	年龄小于 6 岁的 12 人，年龄大于 60 岁的 7 人。户均人口 2.1 人，6 岁以下及 60 岁以上人口户均 0.90 人	户均不到 1 人，应急自救较为方便	不足
	X12	墨脱县小学及以下比例 93.53%，平均教育年限为 4.7 年，文盲率 39%	受教育程度低，应急自救意识和能力有限	满足

续表

因素	指标	依据	评价	条件具备
村民主观选择	X13	经营性收入、转移性收入合计为 53.68%，工资性收入：经营性收入：转移性收入：其他比例为 40.74 ∶ 33.48 ∶ 20.20 ∶ 5.58	收入一半以上依托当地资源条件以及属地补贴政策，有一定的迁移成本	不足
	X14	珞巴族比例为 100%，能用汉语交流比例 33.33%。户均会讲汉语人口 1.35 人，占户均人口的 34%	户均会讲汉语人口 1 ~ 2 人，有一定的外界交流能力	满足
	X15	在参与意愿调查中，绝大多数的人愿意搬迁	参与调查者，100% 的人愿意搬迁，说明其主观选择意愿高	满足

表 4.19　更帮村搬迁条件评估

因素	指标	依据	评价	条件具备
潜在灾害威胁	X1	无	无	无
	X2		位于雅江大拐弯下游，村庄最低海拔与最近距离江面的高程差约为 189 m，距最近江岸约 400 m，有一定淹没风险，需要进一步论证	不足
	X3	无	无	无
	X4	无	无	无
生态保护约束	X5	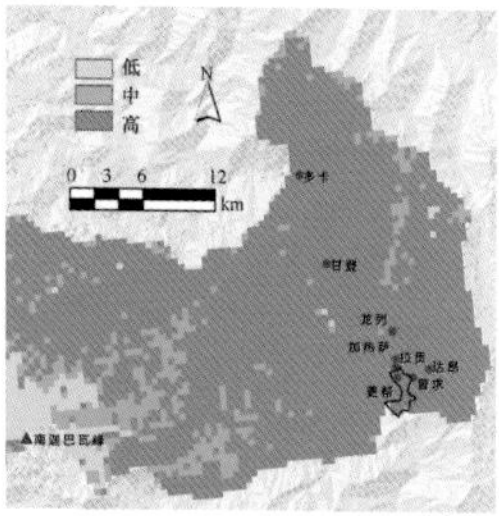 低 中 高 N 0 3 6 12 km	生态重要性高值区域面积为 4.15 km^2，占比为 99.75%	满足
	X6	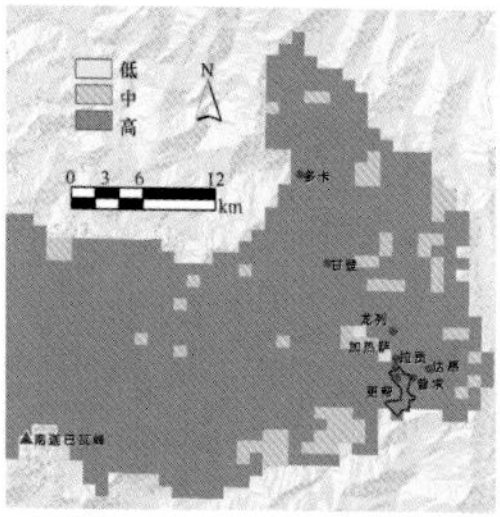 低 中 高 N 0 3 6 12 km	生态敏感性高值区域面积为 4.15 km^2，占比为 99.75%	满足
灾后救助难度	X7	公路等级多为 4 级以下乡村公路	公路等级低，进入难度大	满足
	X8	现有 23 户 76 人，户均人口 3.3 人	人数不到 100 人，安置相对容易	满足
	X9	可安置土地面积 0.004 km^2	土地资源较紧张，可安置人口有限	满足

续表

因素	指标	依据	评价	条件具备
村民自我救助能力	X10	人均纯收入 14911 元，是墨脱县的 1.64 倍，林芝的 1.22 倍，西藏的 1.44 倍	收入较高，具备一定的自救能力	不足
	X11	年龄小于 6 岁的 12 人，年龄大于 60 岁的 6 人。6 岁以下及 60 岁以上人口户均 0.78 人，其比重仅为户均人口的 24%	户均不到 1 人，应急自救较为方便	不足
	X12	墨脱县小学及以下比例 93.53%，平均教育年限为 4.7 年，文盲率 39%	受教育程度低，应急自救意识和能力有限	满足
村民主观选择	X13	经营性收入、转移性收入比重合计为 84.64%，工资性收入：经营性收入：转移性收入为 15.36 ： 63.99 ： 20.65	收入一半以上依托当地资源条件以及属地补贴政策，有一定的迁移成本	不足
	X14	珞巴族：门巴族为 85 ： 15，能用汉语交流比例 20%。户均讲汉语人口 0.66 人，占户均人口的 20%	户均会讲汉语人口不足 1 人，远出谋生交流有障碍	不足
	X15	在搬迁意愿调查中，绝大多数的人愿意搬迁	参与调查者，100% 的人愿意搬迁，说明其主观选择意愿高	满足

10）曾求村

灾害风险小，生态约束强，自然因素满足；救助难度大，人口较少，就近安置有难度，救助因素满足；收入不高，且多依赖政策补贴，村民搬迁意愿不强，主观因素不足（表 4.20）。

综合评价：搬迁条件不足。

表 4.20　曾求村搬迁条件评估

因素	指标	依据	评价	条件具备
潜在灾害威胁	X1	无	无	无
	X2		村庄最低海拔与最近距离江面的高程差约为 980 m，距最近江岸距离约为 1600 m，无淹没风险	不足
	X3	无	无	无
	X4	无	无	无

续表

因素	指标	依据	评价	条件具备
生态保护约束	X5	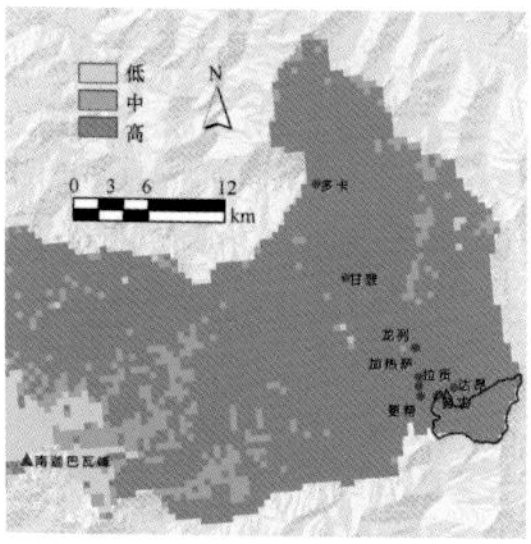	生态重要性高值区域面积为 17.99 km^2，占比为 99.94%	满足
	X6	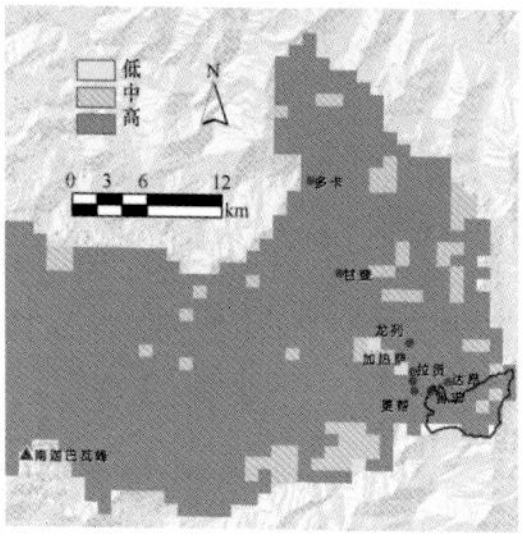	生态敏感性高值区域面积为 16 km^2，占比为 88.89%	满足
灾后救助难度	X7	未实现进村道路和村内主干道的硬化、美化	公路等级低，进入难度大	满足
	X8	现有 19 户 90 人，户均人口 4.7 人	人数不到 100 人，安置相对容易	满足
	X9	土地资源限制极大，找不到集中成片的土地	无可安置土地资源	满足
村民自我救助能力	X10	人均纯收入 2825 元，是墨脱县的 31%，林芝市的 23%，西藏的 27%	收入低，自救能力有限	满足
	X11	年龄小于 6 岁、大于 60 岁的各 12 人。6 岁以下及 60 岁以上人口户均 1.26 人	户均超过 1 人，应急自救不很方便	满足
	X12	墨脱县小学及以下比例 93.53%，平均教育年限为 4.7 年，文盲率 39%	受教育程度低，应急自救意识和能力有限	满足
村民主观选择	X13	经营性、转移性收入比重合计为 84.64%，工资性收入：经营性收入：转移性收入为 15.36 ：63.99 ：20.65	收入大部分依托当地资源条件以及属地补贴政策，有一定的迁移成本	不足
	X14	藏族：珞巴族为 1 ：99，能用汉语交流比例 20%。户均讲汉语人口 0.95 人，占户均人口的 21%	户均会讲汉语人口不足 1 人，远出谋生交流有障碍	不足
	X15	在搬迁意愿调查中，绝大多数的人不愿意搬迁	参与调查者，超过六成的人不愿意搬迁，说明其主观选择意愿低	不足

11）达昂村

灾害风险小，生态约束强，自然因素满足；救助难度大，人口较少，有一定的就近安置条件，救助因素满足；收入不高，且多依赖政策补贴，多数村民有搬迁意愿，主观因素满足（表 4.21）。

综合评价：搬迁条件满足。

表 4.21　达昂村搬迁条件评估

因素	指标	依据	评价	条件具备
潜在灾害威胁	X1	无	无	无
	X2		位于支流沟北侧坡台，海拔 2050 m，无淹没风险	不足
	X3	无	无	无
	X4	无	无	无
生态保护约束	X5	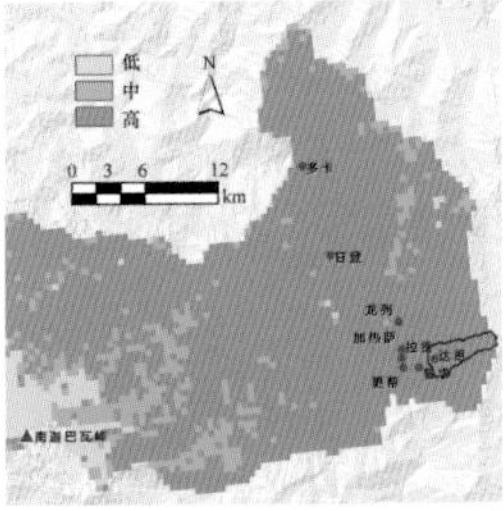	生态重要性高值区域面积为 8.91 km^2，占比为 99.88%	满足
	X6	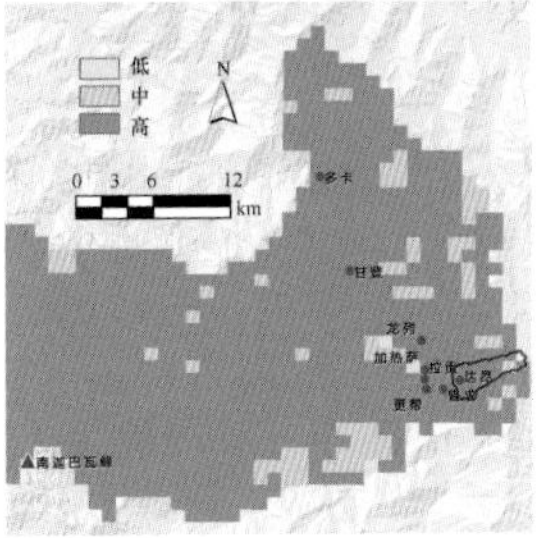	生态敏感性高值区域面积为 8.91 km^2，占比为 99.88%	满足
灾后救助难度	X7	不通车，只有狭窄的山路村道	地理位置险峻，路面狭窄、崎岖泥泞，进入难度大	满足
	X8	现有 20 户 67 人，户均人口 3.4 人	人数不到 100 人，安置相对容易	满足
	X9	可安置土地面积 0.02 km^2	有一定的就近安置条件	不足
村民自我救助能力	X10	人均纯收入 5933 元，是墨脱县的 65%，林芝市的 49%，西藏的 57%	收入低，自救能力有限	满足
	X11	年龄小于 6 岁的 14 人，年龄大于 60 岁的 7 人，户均人口 3.4 人，6 岁以下及 60 岁以上人口户均 1.05 人	户均超过 1 人，应急自救不很方便	满足
	X12	墨脱县小学及以下比例 93.53%，平均教育年限为 4.7 年，文盲率 39%	受教育程度低，应急自救意识和能力有限	满足
村民主观选择	X13	经营性收入、转移性收入比重合计为 70.22%。工资性收入：经营性收入：转移性收入为 29.78 ∶ 25.28 ∶ 44.94	收入一半以上依托当地资源条件以及属地补贴政策，有一定的迁移成本	不足
	X14	藏族：珞巴族：门巴族为 3 ∶ 91 ∶ 6，能用汉语交流比例 33.33%。户均讲汉语人口 1.12 人，占户均人口的 33%	户均会讲汉语人口 1 ～ 2 人，有一定的外界交流能力	满足
	X15	在搬迁意愿调查中，大多数愿意参与搬迁	参与调查者，100% 的人愿意搬迁，说明其主观选择意愿高	满足

4.3 结论和建议

4.3.1 总体结论

1. 灾区总体适居条件较差，环境对人口及人类活动的承载能力极其有限，整体不适合人类过多扰动

灾区山势险峻、坡陡沟深，生态保护约束极强，面临地震、冰崩、滑坡、泥石流、崩塌等多种灾害威胁，整体不适宜人居，也不适合人类过多扰动。按村庄建设用地面积核算直白村、多卡村、加热萨村每公顷分别为 24 人、32 人、123 人，人口密度较高。因此，应根据灾区的特点，适当削减现状人口，控制相关人类活动的扰动强度。

2. 从整个藏南地区来看，近期灾害发展的频次有所增加，具体到灾区尺度，诸多不确定性因素都会影响未来灾害发生的频率、规模及其危害程度

藏南地区受两大构造带（喜马拉雅和雅鲁藏布）、山地与气候环境的影响，历史上就灾害频发。灾区发生灾害可能既有周边区域地震的摄动效应，也有两侧山体冰川自身融化崩解的威胁，还有山体表面物质松软、气候多变、暴雨引发滑坡泥石流的威胁，这些因素具有互动作用，助推效应强烈，以目前的观测尺度、布点精度及其研究手段，很难准确预估某类灾害发生的可能性及其危害程度，必须从全局谋划，依托多点、高精度观测和长期、持续的研究成果。

3. 就灾区某一单个村庄的人口规模而言，无论是立刻迁还是慢慢迁，无论是暂时迁还是永久迁，无论是就近迁还是远处迁，都不是大的问题

灾区共拟迁移人口不足 900 人，且分散在 11 个村（3 个自然村、8 个行政村），人口规模超过百人的村庄有多卡村（145 人）、甘登村（179 人）、加热萨村（150 人）、龙列村（110 人）和直白村（143 人），上述村庄中仅直白村为自然村，其余均为行政村。从就近安置条件看，除直白村、赤白村和甘登村、达昂村尚有一定的就近安置地块外，其余均缺乏可用于就近安置村民以避险的地块或土地资源紧张，可安置人口有限（更帮村），加之村庄建设用地稀缺，村庄内人口密度较高，应尽早谋划搬迁事宜。就某一单体村庄的人口规模而言，如不是整批搬迁，可采用条件成熟一个搬一个的策略，或通过搬迁减少一部分村庄人口，这样操作起来相对容易一些。

4. 搬迁最大的阻力是对未来生计的担忧

灾区村民的主要收入来源：一是和边境、生态保护相关的国家政策性补贴；二是地方发展旅游产业给予景区村民的收入分成。特别是景区的旅游产业分成，搬迁涉及村民的收入减少问题，这还不包括景区村民依托本地资源进行自主经营的收入，村民利用本地资源所从事的林下采集、草原牧业等收入。另外，当地村民多数汉语交流水

平不高，自主谋生有一定的局限性，外出生活、就业面临诸多障碍，生活不习惯、对故土的留恋这些都是村民搬迁的制约因素。

4.3.2　主要建议

1. 尽快实施灾区重要灾害点的布点监测，加快完善灾害常规监测、快速预警和科学评估体系

一是针对南迦巴瓦峰和加拉白垒峰冰川变化趋势实施精准观测布点；二是在加强现有地质灾害点密切观测、排查的基础上，适当扩大范围，重点关注主要居民点、主要公路沿线；三是加大气象站点、水文站点观测密度，进一步提高气象情报、河流水文情报的精准度；四是加强各类灾害站点监测信息的快速处理和协同分析。

2. 尽快实施灾后重建规划的资源环境承载力研究，核定各地合理的人口容量，精确划定重建后适宜适度集聚人口的地块，推动村庄人口的合理布局

资源环境承载力应以米林、墨脱县为重点区域，逐步纳入周边的林芝市区、波密县等相关区域，从更大的范围筹划人口集聚、疏散的路线及区域。同时，开展三县一市的资源环境承载力预警研究，重点围绕村镇及基础设施建设、旅游活动和农牧业活动的关键区域、生态保护的重要区域展开。

3. 利用好现有政策优势，以当地政府、大型企业为中坚力量，多渠道、多方式安排留守村民、移出村民的生计问题

以提升农牧民生计为目标，合理利用现有的边境一线、二线的补贴政策，除国家政策外，地方也可根据实际情况出台相应的补贴政策，尽最大可能减少村民外迁的收入损失。整合现有保护地和旅游景区，采用国家鼓励建设的国家公园体系，在严格加强生态保护、景观保护管理的同时，创新经营模式，把本土原住民纳入生态和景观保护、旅游业经营的统一体中，防止出现土地的过度耕垦、林草过度利用、旅游无序经营的现象。

4. 以边疆稳定、民族共同富裕为基本目标，理清村民与地方政府、企业的利益链条，力求移民搬迁与保边富民、生态保护、地方经济发展的目标相统一

维护村民的利益，统筹安排移民搬迁计划，保证村民能移出去、在接收地能扎下根，就业有保障、收入不降低。从长远计，应坚持有计划、分类别、分片区、分步骤地安排灾险地区人口疏解，同时，鼓励村民积极参与到地方的经济建设、生态保护、稳疆固边的行动中来，创造人口合理流动的条件，逐步增强村民自觉外迁的意识和动力。

建议以边疆稳定、民族共同富裕为基本目标，积极引导冰崩灾区居民的自觉外迁

意识和动力，做到有计划、分类别、分片区、分步骤实施。

(1) 应以维护冰崩灾区居民的现实利益为前提，以提升农牧民生计为目标，充分评估居民迁移损失，合理利用现有的边境一线、二线的国家补贴政策，积极引导居民自觉外迁的意识和动力。理清居民与地方政府、企业的利益链条，维护居民的利益，统筹安排搬迁计划。

(2) 应坚持有计划、分类别、分片区、分步骤地安排冰崩灾区居民疏解。冰崩灾害点米林县的直白村、加拉村和赤白村等 3 个自然村的 60 户 214 人，面临再次冰崩及诱发地质灾害以及堵江淹没的威胁；冰崩灾害点下游墨脱县的甘登和加热萨两个行政乡的 235 户 903 人，交通可达性差，不利于灾后救助，而且无就近安置土地。建议对他们有计划、分类别、分片区、分步骤地进行疏解，力求灾区搬迁与保边富民、生态保护、地方经济发展的目标相统一。

第5章

冰崩堵江防灾与监测预警

5.1 冰崩研究与监测

山地冰川的冰崩是指冰川冰体在重力作用下从冰川陡峻处崩落的现象，多发生在冰川末端（秦大河，2014）。冰川体发生断裂或崩塌后，规模巨大的冰崩体迅速滑坠进入下游，对所经之处及下游地区造成重大灾害（Chernomorets et al.，2007）。崩塌的冰川本身已经足够对沿途和下游地区造成严重的危害，包括冲毁村庄和草场，掩埋群众和牲畜，堵塞下游河道。更为严重的是，冰崩过程可形成链式反应，引发后续一系列的次生灾害过程。首先，冰崩体冲入下游的河流、湖泊或水库等水体，会在水体中形成涌浪，例如，在阿汝冰崩中当地牧民就目睹了“湖啸”现象，浪高达到 20 m。其次，冰崩体可能会堵塞下游河道，形成堰塞湖，一旦决堤，后果不堪设想。最后，如果冰川末端堆积了大量的冰碛物，则冰崩极有可能会诱发泥石流等自然灾害（胡文涛等，2018）。

高亚洲地区的冰川是十分宝贵的固体水库，这对于有着“亚洲水塔”和“第三极”之称的青藏高原来说尤为重要（Yao et al.，2012b）。冰崩过程可导致冰川水资源严重损失，威胁“亚洲水塔”的命运和“第三极”的生态安全，从而影响高亚洲地区的水循环过程，给该地区脆弱的生态环境带来严重破坏，对当地的社会经济发展造成重大影响（姚檀栋等，2010）。因此，研究冰崩等高亚洲地区灾害事件对于建设实施“一带一路”倡议，保护“一带一路”核心地带“泛第三极地区”的生产与生存环境具有重要的现实意义（姚檀栋等，2017）。

5.1.1 冰崩的研究内容

1. 冰崩的物质组成

冰崩不同于雪崩、泥石流、滑坡等物理过程的本质特征，它是由冰、雪、水、冰碛物以及空气等多相物质组成的，内部结构极为复杂多样。冰崩体的固相包含冰体和冰碛等，液相则由冰雪融水组成，但是在冰崩体运动过程中，由于基底摩擦和内部液化作用，固相和液相之间发生转化。此外，在运动过程中，冰崩体中冰雪融水和松散冰碛组成的混合体受到地形和自身结构的影响会上下翻腾，裹挟附近的空气，从而使得冰崩体内部包裹着少量的气体。从物理性质上看，冰崩体是一种碎散物的集合体，内部存在无数个物质界面。

从冰崩体崩塌开始到堆积结束，整个冰崩体的物质组成并不是一成不变的，刚开始整个冰崩体都是固相的冰体，之后冰床的冰碛和由于摩擦而产生的冰雪融水参与到运动之中，而且在运动过程中各个相态的物质也发生着互相转化，使得冰崩体的物质组成不断发生变化（胡文涛等，2018）。

2. 冰崩体的运动特征

综合历史上的冰崩记录，可以归纳出冰崩体的部分运动特征。冰崩体的运动速度可达 70 km/h 以上 (Pudasaini and Miller，2013)，能够直接摧毁沿途的村庄和植被，对周边地区生态环境造成极大的破坏，这样的高速运动主要与冰崩体的势能有关，此外，还可能与冰崩体内过高的孔隙水压力有关；运动速度先增加后减小，冰崩体在初期为冰川崩塌或断裂，融水会经由崩塌或断裂形成的裂隙进入冰川内部（杨康和刘巧，2016)。冰崩体经过与冰床之间的摩擦，在冰崩体与冰床之间形成一层薄的水膜，从而使得运动速度加快，但在后期由于冰碛大量混杂，破坏了底部的水膜，且坡度降低，从而减缓了冰崩体的运动。此外，在部分冰崩过程中，还发生了分阶段分层的运动过程，上层冰体脱离冰床，直接冲向下方，而下层冰体则是在与冰床摩擦过程中，裹挟着冰碛向下游滑去 (Shroder et al.，2015；胡文涛等，2018)。

3. 冰崩发生的原因

纵观历史记录的几次冰崩，各自的发生原因不尽相同，纵使是同一次冰崩，其原因也在科学界存在众多争议，无法达成共识。根据现有的研究结果，冰崩发生主要与地热、地震、气候变化等几种因素有关 (Huggel，2004)。

地热因素也包括火山活动的影响。在地热活动的加剧影响下，冰川与冰床连接界面的冰面出现一定程度的融化，融化后的这部分水体在交界面形成薄的水膜，削弱了冰川与冰床之间的连接，水膜的润滑作用减小了二者之间的摩擦，从而引发冰川纵向失衡，出现大规模的崩塌 (Shroder et al.，2015)。

地震因素是指在地震过程中，冰川出现断裂，当裂隙完全贯穿整个冰川的横截面时，断裂的下段冰川处于非稳态平衡状态，在余震的持续干扰下，这部分冰川直接滑坠，形成冰崩 (van der Woerd et al.，2004)。

在近几十年全球气候变暖趋势日益严峻的背景下，气候变化被逐渐发现可能是引发冰崩灾害的深层原因。气候变暖在冰川发育区的影响，主要体现在“变暖变湿”，“变暖”会引起冰川冻土融化，在冰川表面形成更多的断裂；“变湿”则会加剧冰川的物质积累，使得冰川运动速度加快（陈虹举等，2017)。在全球气候变暖尤其“厄尔尼诺”现象的背景下，过去千百万年缓慢运动的冰川出现大幅度的剧烈运动，形成灾难性的冰崩现象，气候变化可能是这种剧烈运动的触发因素 (Evans and Clague，1994；胡文涛等，2018)。

此外，还应注意到高亚洲地区的冰川灾害主要集中在青藏高原西部的昆仑山、帕米尔高原和兴都库什地区（沈永平等，2013)。根据冰川退缩的椭圆形分布特征，椭圆中心部位的唐古拉山、昆仑山、羌塘高原等地区冰川退缩幅度最小，且近年来积雪增加，高亚洲地区气温明显升高，冰川活动逐渐活跃。加之这些地区的高山坡度较大，气候变化使冰体更易脆裂和断裂，冰崩的可能性和危险性随之增加。因此亟须针对高亚洲地区冰川开展冰川灾害评估，减少冰川灾害尤其是冰崩带来的损失（胡文涛等，2018)。

5.1.2 冰崩的研究方法

1. 现场勘察与资料收集

现场勘察可以获取第一手的信息，拍摄珍贵的影像资料，可形成对冰崩现场直观而全面的认识，但是由于冰崩发生区域都较为偏远，且冰崩后现场极为危险，所以目前能够获取的冰崩现场资料稀少。搜集和查阅关于冰崩地区多种要素的文献资料、照片、地图、目击报告等，对于形成冰崩现场的初期评估和情景重现十分重要（胡文涛等，2018）。2002 年 Kolka 冰崩发生一年后的 2003 年 6 ～ 10 月，俄罗斯科学院地理研究所组织了首次针对冰崩现场的野外考察和 GPS 调查，以及直升机航拍。现场考察发现，Kolka 冰川位于地热活动地区；在冰崩过程中出现了大量的水；冰崩后在下游的山谷中形成了巨大的堰塞湖，但湖的水位逐渐降低，在 2003 年 9 月，湖水基本消失，但堰塞湖的坝体依旧存在；冰崩现场令科学家感到奇怪的是，在冰崩体的表面出现了类似“蚂蚁堆”的物体，其中含有部分碎冰粒；通过对水体进行采样分析，发现其中的硫酸根离子含量较未发生冰崩的同一冰川的粒雪盆处明显要高。该调查团队认为 Kolka 冰崩是有历史记录以来规模最大的一次冰崩。该冰川在 20 世纪初和 70 年代发生了两次类似的冰川活动，但无法确定是否与 2002 年冰崩存在联系。根据现场考察和资料收集，专家们排除了地震、火山喷发等引发此次冰崩的可能猜测，一致认为 2002 年冰崩极有可能是气候变化引起的，该地区气候增暖变湿，冰川积累加快，导致冰川出现崩塌 (Kotlyakov et al.，2004)。此外，沈永平等 (2013) 亲身经历并记录了 1986 年发生在新疆乔戈里峰北坡的冰川崩塌，其崩塌的垂直高差达 2500 m，冰崩体的体积约为 20×10^4 m^3，其运动速度和冲击力都极为巨大。

2. 遥感影像

高山地区是地球上环境动态最为活跃的地区之一，有必要利用航空图片和卫星遥感技术来监测高山地区地形的变化，以获取环境动态变量资料 (Kääb，2002)。地处高纬度和寒冷山区的冰川灾害，其影响范围大、发生地点偏远且难以接近以及考虑数据获取的时效性，遥感技术是十分有效的数据获取手段 (Kääb，2008)。地面雷达、航空以及太空等遥感技术都在冰冻圈冰川灾害评估中得到了应用；影像分类和变化检测技术为包括冰崩在内的高亚洲冰川灾害提供了研究基础；数字地形模型 (DTM) 可以为冰冻圈内包括冰崩等各种冰川灾害过程的物质移动、水文过程提供重要的数据；合成孔径雷达干涉技术 (InSAR) 被用来提取冰川裂隙、冰川运动速度以及不稳定坡面的变化数据（王欣等，2015）。

瑞士苏黎世大学 Huggel 等 (2005) 根据 QuickBird 卫星的全色波段和多光谱遥感影像，估算了 2002 年 9 月 20 日的 Kolka 冰崩区域的冰体和岩石的体积。QuickBird 卫星在当时是可以获取到的分辨率最高的卫星之一，其地面精度达到了 0.6 m。Kääb 等 (2003) 也利用 ASTER 卫星遥感数据对 Kolka 冰崩进行了分析，通过提取的数字高程等数据，初步重建了此次冰崩的动力学过程。以上通过卫星遥感来监测和分析冰崩的案例反映出，借助高分辨率的卫星遥感影像技术，对冰崩高危险区的冰川进行有针对性的监测，可以获知冰川的变化，从而进行冰崩风险评估和灾害预警。但是这种技术依赖于卫星的时空分辨率，实时性较差，准确性和可靠性也有待进一步提高，而且这种方法很难研究冰崩机理（胡文涛等，2018）。

3. 模型方法

为了研究冰崩的发生机理和运动过程，采用模型重建冰崩过程是很重要的一项技术。冰崩体在运动过程中，不仅会与冰床发生基底摩擦，而且其内部的物质组成也持续变化，冰体、冰碛、融水之间的相互作用非常复杂，同时运动底面的曲率等也在发生变化，因此现有的冰崩动力学模型都是在质量守恒、动量守恒以及能量守恒三大定律的基础上，加上一定的简化和假设建立的，只能描述冰崩的部分特有现象（Hutter et al.，2005）。不同研究者往往侧重考虑描述不同现象的冰崩过程，进而提出了各种描述冰崩过程的动力学模型，目前主要有单相、固-液二相和综合模型等（胡文涛等，2018）。

5.1.3　问题与展望

现有的冰崩研究主要集中在冰崩发生过程和灾害影响，较少探讨冰崩发生机制，一方面是由于很多冰崩发生的原因尚存在很大争议，另一方面也是学界对冰崩认识不够全面，研究不够深入，能够借助的方法有限（Huggel et al.，2008）。冰崩现场一般难以接近，也极为危险，因此现场考察能够获取到的资料稀少；遥感卫星方法存在时空分辨率不高，对冰崩分析的实时性较差等缺陷；模型方法为了简化，一般都将气相忽略，但是气相参与到了实际的冰崩运动过程中。另外，模型重建过度依赖于数值分析技术的发展，构建的模型方程大多不易求解，而且重建的只是冰崩的运动过程，对于冰崩的发生机理很难模拟还原（Mergili et al.，2107）。基于以上研究现状可知，对于冰崩的研究，亟须寻求新的研究方法，拓展新的研究思路，对冰崩建立全面而立体的研究体系。

1. 模型的改进

现有的冰崩模型多为从单相模型发展得到的二相模型，一般是考虑冰崩过程中固相和液相的运动，但是在实际情况下气相也会参与到冰崩运动过程中，在冰崩体中形成多孔介质和液相的流动通道。因此，可以将气相引进到冰崩模型重建中，更加准确地模拟冰崩中各相物质的转化和运动过程。不过气相的出现会增加运动方程的复杂度，从而对方程的求解造成更大的困难，这对数值分析所依赖的计算机技术也提出了更高的要求。所以，对于固-液-气三相冰崩模型的构建，需要引进新的冰崩动力学和运动过程的简化与假设，出现新的参数，在此过程中也会出现新的研究课题（胡文涛等，2018）。Bartelt等（2016）正在开展这方面的研究，其引进了构型能量的新观点。

2. 多学科交叉的研究方法

导致冰崩发生的因素多种多样，包括地质、地震、地热、火山、气候等，这些因素和发生机理的研究需要多学科交叉分析，才能得出科学准确的结论。同时，针对冰崩给周边区域造成的影响和冰崩后的灾害管控等，需要生态、管理、规划等领域的专家来共同参与，如冰崩体下覆草场的生态修复、冰崩危险区的牧民安置转移等课题（胡文涛等，2018）。

3. 加强冰崩灾害预警

加强青藏高原地区冰崩灾害预警信息收集、分析和发布的平台建设，能够最大限度地减少冰崩给当地居民带来的生命财产损失。平台的建设应着眼于以下三个方面：第一，综合利用地面雷达和卫星遥感等手段来重点监测冰崩危险区的冰川，保证冰崩灾害预警信息原始数据的科学性和可靠性；第二，建立冰崩灾害预警信息分析和发布平台，在经过科学家和当地政府的科学分析和综合判断后，由权威部门向公众发布冰崩灾害预警信息；第三，打通冰崩灾害预警信息传递的渠道，缩短预警消息传达时间，在预警信息发布后能够尽快传达到决策者、基层管理者、当地民众等用户的接收终端上。

4. 结合多种冰川灾害开展全方位监测与研究

全球气候变化背景下，包括冰崩、冰川跃动、雪崩等在内的多种冰川灾害在高亚洲地区有增多趋势，受灾范围也在不断扩大。高亚洲地区作为国家“一带一路”建设核心地带“泛第三极”的重要组成部分，在该地区结合多种冰川灾害开展全方位的灾害监测和研究工作，对于有效减少冰川灾害对“一带一路”沿线地区的威胁，切实保障“一带一路”倡议的顺利实施具有重要意义。

冰川跃动是冰川周期性地在较短时间（2～3年）内发生快速运动的现象，关于其成因和机制尚未形成统一认识（刘凯等，2017）。国内目前针对冰川跃动已经开展了相关的监测，包括木孜塔格西北坡鱼鳞川冰川等（张震等，2016）。但是冰崩不同于冰川跃动，其是突然暴发的，没有周期性，在发生过冰川跃动的地区更有可能发生冰崩灾害事件。本质上，冰崩和冰川跃动都是冰川一种非典型运动方式，有着一定的相似性，因此对冰崩的监测和研究工作可以结合冰川跃动来共同进行（胡文涛等，2018）。相对于冰川跃动和冰崩，雪崩在高亚洲地区也经常发生，是该地区生命和财产安全的一项重大威胁，根据沈永平等（2013）的记录，在乔戈里峰冰崩发生前，冰崩区内雪崩声轰隆不断，也就是说，雪崩可能是冰崩的前兆，甚至也有可能是冰崩的诱因，将二者结合起来监测和研究就可以对此进行更深入的探究。此外，冰崩本身的监测和研究也要更有针对性。在当前气候变化的背景下，高亚洲地区冰川呈现一定的退缩趋势，该地区众多的山谷冰川和冰斗冰川逐渐成为悬冰川，增加了坡面冰体的断裂和滑动，极易导致冰崩的发生，并进一步触发次生灾害，包括雪崩和冰川泥石流等，因此需加强人类活动地区的悬冰川监测，避免冰崩对当地群众的生命和财产造成损失。另外，阿汝冰崩的发生也显示出大型大陆性冰川直接发生冰崩的可能性和危险性，对于此类冰川，在监测的同时，还应定期编制冰川变化下的冰崩潜在分布图和风险评估报告，划定冰崩风险区，尽早将当地群众转移安置。

2018 年 10 月 16 日和 10 月 29 日，西藏米林县派镇加拉村雅江左侧发生两次冰崩事件，堵塞雅江干流，形成巨型堰塞湖，严重威胁上游和下游的居民点和重大基础设施。虽然此次堰塞湖已于 10 月 19 日和 10 月 31 日自然泄流，危险大大降低，但是，第二次青藏科考雅江堵江应急科考队认为色东普流域内冰碛物、崩滑体、沟道泥沙等松散物质极为丰富，受气候变化影响，在未来再次发生大规模冰崩堵江的概率很高。

5.2 雅江冰崩监测预警系统建设进展

拟建立雅江大拐弯冰崩灾害链长期自动化监测预警系统和防灾安全屏障示范工程，分两个阶段实施。

第一阶段：以色东普沟冰崩灾害链为对象，建立冰崩灾害链自动化监测预警系统，包括冰川、气象、水文等常规仪器观测，冰川 – 河流影像的遥感监测与回溯分析、冰川河流实时监测等。2019 年 1 月现场考察时发现色东普沟堵江点山脊中部位置较为理想 (29°45.064′N，94°56.061′E，海拔 2893 m)，该处为一小型平台，面积约 20 m×10 m，距离江面垂直距离约 150 m 高，且旁边无高大乔木遮挡，工程建设难度相对较小。此外，由于该点位于山脊处，可以同时进行两个不同角度的全景监测，左侧可以监测色东普沟内的冰川变化情况，右侧可以近距离监测堵江点。2019 年 8 ～ 10 月实现以下监测内容，主要包括堵江口照片的定时拍照与卫星传送，堵江口普通球基视频与红外视频 24 h 监测与影像保存，堵江口和加拉村气象监测、加拉村水位监测等四大内容。具体的监测内容与指标见表 5.1。

表 5.1 具体的监测内容与指标

序号	监测内容	指标	获取方式
1	堵江口照片	每天定时传送 4 张堵江口照片，照片小于 500 kb	CCFC 相机和热红外相机照片通过海事卫星传送
2	堵江口视频（普通球基视频）	24 h 视频，储存 15 d	海康威视球机拍摄，人工定期下载
3	堵江口处和加拉村气象监测	小时数据，风力、温度、湿度、压力、辐射与降水	海事卫星与手机移动信号实时传输
4	加拉村水位监测与流量测量	小时水位资料与不定期径流量测量	压力式水位计与雷达水位计记录，手机移动信号实时传输，利用多普勒雷达进行流量断面测量

(1) 全天候（包括夜间或雾天）影像监测：仪器为焦距 20 ～ 100 mm 热成像球机（该仪器为中国科学院半导体研究所研制，功耗小，具有一定的透雾功能），可以提供夜晚或有雾等情况下的堵江点定时照片。

⑵ 视频实时监控：仪器为海康 360° 可旋转高清球机（可扩展 128 G 内存，可调焦，带一定的红外功能，支持手机客户端、电脑客户端实时查看、控制），现阶段实现视频数据硬盘保存，中继无线传输实施后可以实时监控堵江点及沟谷内情况。

⑶ 定时拍照系统：CCFC 视频摄像机（16 G 存储视频监控物候照相机，定时拍照，实时上传到指定 FTP 服务器，并支持远端网页访问、配置）。

⑷ 水位监测系统：利用压力式水位计和雷达超声水位计进行加拉村水位的监测，并通过移动信号实时传输到 FTP。

⑸ 气象监测：利用气象站和卫星终端对堵江口和加拉村进行温度、相对湿度、辐射、降水量、风速等的监测。

第二阶段：本阶段集中力量开展微波信号传输、堵江灾害预警平台建设及强化监测（多普勒雷达等）工作。微波信号将利用中断塔从而形成一个无线局域网络链，在达林村通过中国移动或中国电信等无线传输模块，把堵江点监控内容（透雾相机、实时视频、定时相片、气象站数据等）上传到指定的服务器，或者通过使用软件平台、浏览器的方式去连接通信现场的监控设备。同时，开发堵江灾害预警平台，实现视频数据、照片数据、气象站数据及水位监测数据等的在线展示、存储、历史数据查询功能，方便进行堵江事件发生后的研判，通过对视频和影像对比，结合气象、次声、水位、雷达等多数据指标，研发堵江自动报警系统，实现对灾害发生的综合准确研判，并发出预警信息。建立灾害会商机制，并通过短信、邮件等分级发布预警信息。为保障冰崩灾害链的长期监测，需要在该地区建立固定的监测预警中心。

5.2.1 建设目标与具体方案

以雅江加拉白垒峰色东普沟冰崩堵江点为核心，开展周边区域冰川、气象、水文等综合立体监测与研究。利用全天候监控技术对沟谷内和堵江点进行不同角度的实时视频和雷达监测、定时拍照、气象监测、水位监测等，直观获得堵江点影像资料和水文气象要素时间变化序列，实现高质量动态监测与远程传输功能，通过观测系统与数据管理系统的建立，构建雅江冰崩灾害链实时监测与预警平台（图 5.1 和图 5.2）。

雅江冰崩灾害链监测与预警平台主要包括野外监测、遥感分析、数据传输、灾害可视化和预警平台方案等。

1. 野外监测

该监控系统将结合利用红外相机、普通相机、高清视频球机、气象站、水位计等，对沟内和堵江点进行不同角度的实时视频监测、定时拍照与气象监测，对雅江水位定时监测，实时提供沟谷及堵江点的视频和照片、气象数据及水位数据等，以直观地分析堵江点的堵塞程度，从而一方面为雅江堵江预警提供地面资料；另一方面提供灾情判断的依据，服务于地方应急救灾，保障国际河流安全。

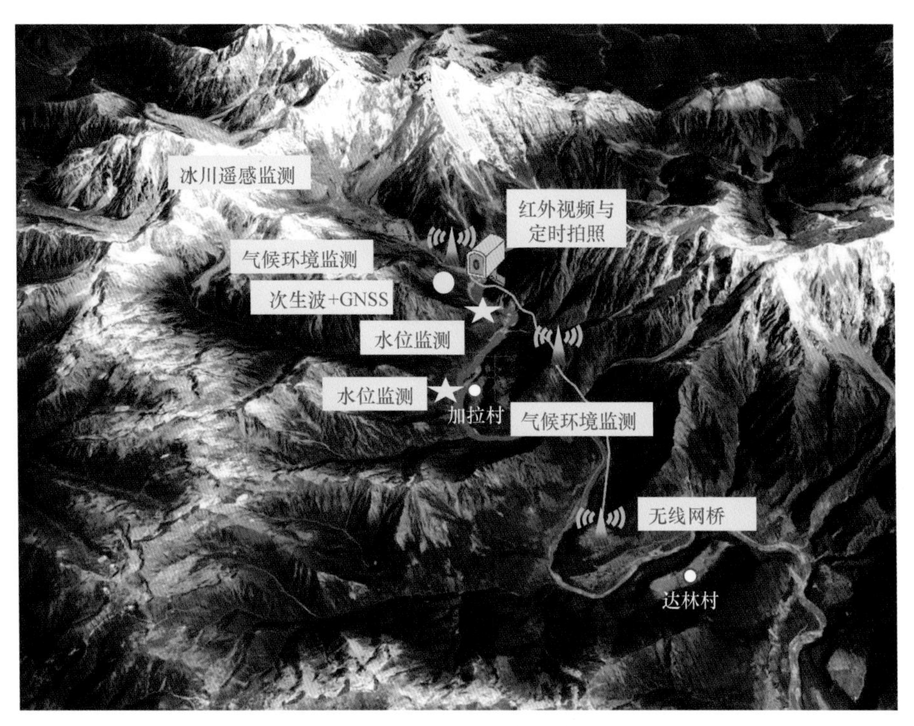

图 5.1　雅江冰崩灾害链监测与预警体系示意图

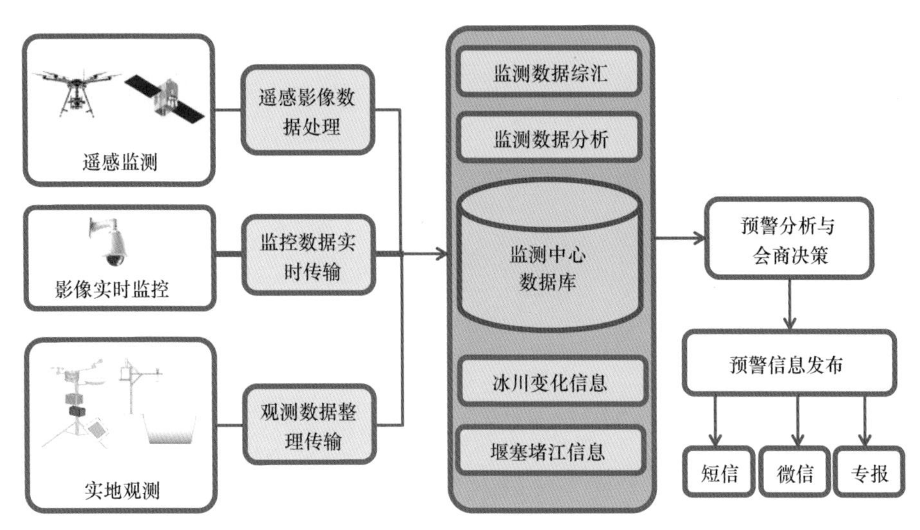

图 5.2　雅江冰崩灾害链监测与预警平台示意图

1）堵江点视频和雷达实时监控

设计在色东普沟堵江点右侧距江面 110 m 处平台上布设视频与定时照相仪器，监测堵江发生的规模与时间；同时在该处架设多普勒雷达（图 5.3 和图 5.4），监测沟谷内物质运动状态等。主要仪器有：

红外夜视仪（焦距为 20 ～ 100 mm 热成像球机，该仪器由中国科学院半导体研究

图 5.3　瑞士雷达监测设备调研

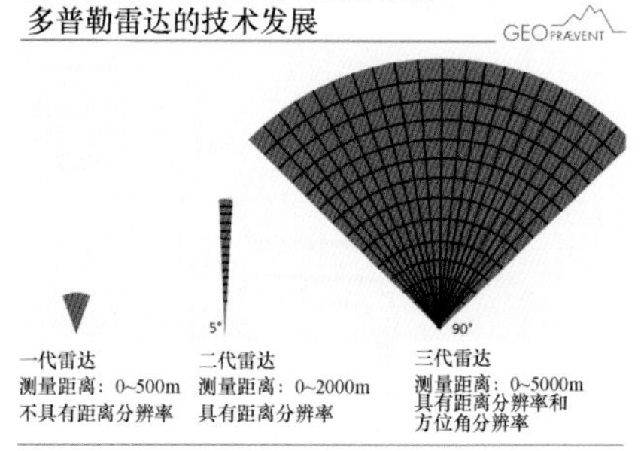

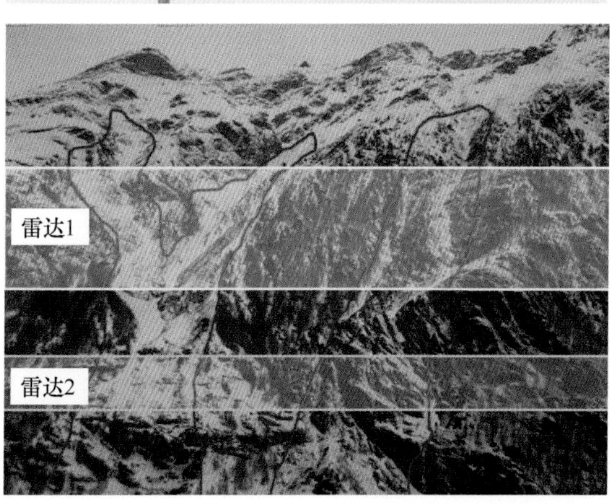

技术参数：
- 测量距离：0~5000m
- 测量面积：0~10km²
- 测量水平开度：90°
- 测量垂直开度：20°
- 重量：50kg
- 尺寸：25cm×40cm×7cm
- 功耗：50W
- 电源：电网电力、太阳能板和发电机
- 软件：冰崩监测软件、在线数据展示
- 配件：在线数据展示平台、智能手机或平台电脑
- 报警：自动报警设备
- 安装：安装便捷

图 5.4　不同测程的多普勒雷达技术指标

所研制，功耗小，具有一定的透雾功能，可以提供夜晚或有雾等情况下的堵江点影像视频）；360° 可旋转高清球机、两路定时拍照系统（沟谷方向和堵江方向）；多普勒雷达，可以对 5 km 范围内的灾害（冰崩、雪崩、泥石流等）进行动态变形监测。

2）辅助指标监测

雅江流量与水位监测：利用水位计对加拉村进行水位实时监测，同时利用多普勒流速仪进行断面流速测量，获得雅江加拉断面流量与水位数据。

气象监测：在加拉村、沟谷内堵江点和沟谷内布设自动气象站，形成梯度观测体系，对风速、风向、雨量、空气温度、空气湿度、辐射、土壤温度、土壤湿度、大气压力等十几个气象要素进行全天候现场监测，弥补区域上气象观测数据空白。

次声监测：在沟谷内布设泥石流次声自动监测站，实现泥石流发生的判断。

2. 遥感分析

采用高分系列数据、ALOS-2、哨兵、SAR、Landsat 8 等多源遥感数据，保障定期对沟谷内地形地貌与变形的监测；利用无人机开展色东普沟及邻近雅江河谷的三维地形测绘，获得沟谷内物质体积及河道形态，为估算灾害发生规模及潜在风险提供基础资料。

3. 数据传输

为了保证数据的传输，拟同时采用卫星和无线网桥两种技术手段：

卫星传输方案：把采集到的图片和地面观测数据通过卫星终端传输到中国科学院青藏高原研究所预警平台，这种传输方式可以实现有限数据的传输，无法实现视频与高频照相的传送。

无线网桥：由多个无线中继点连接到监控系统（图 5.5)，在无人区形成一个无线局域网络，将数据中继到有 4G 信号的居民点，再通过中国移动或中国电信等 4G 高速无线传输模块，把堵江点监控内容（透雾相机、实时视频、定时相片、气象站数据等）上传到指定的服务器，或者通过使用软件平台、浏览器的方式去连接通信现场的监控设备。暂拟进行三跳设计（堵江点—加拉村—直白村），在直白村之后可以直接接入电信光缆，该种方式可实现视频与监测数据的高速传输。

4. 灾害可视化和预警平台方案

实现视频数据、照片数据、气象站数据及水位监测数据等的在线展示、存储、历史数据查询功能，方便进行堵江事件发生后的研判。研发堵江自动报警系统，通过对视频和影像对比，结合气象、次声、水位、位移等多数据指标，实现对灾害发生的综合准确研判，并发出预警信息。具体的冰川灾害预警信息发布流程主要包含四部分：①对灾害点的实时监测；②对监测数据的分析；③基于分析结果确定预警级别和信息；④发布具体的预警信息。

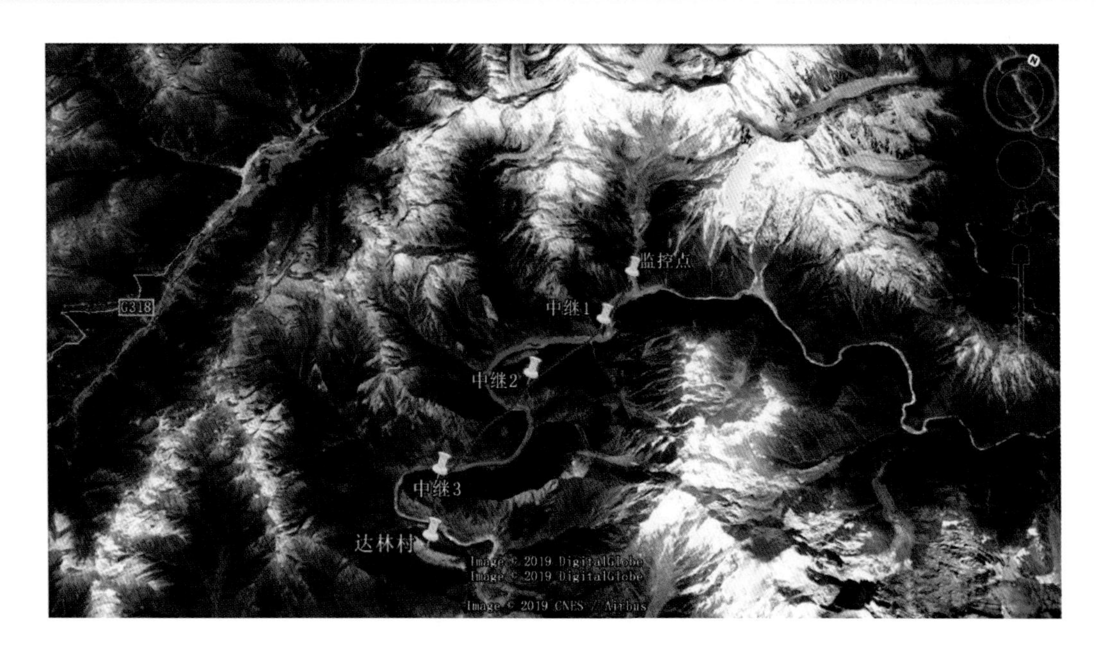

图 5.5 微波信号无线传输中继位置布设方案

资料来源：Google Earth；影像拍摄日期：2017 年 12 月 4 日 (29°42.789′N，94°54.774′E)；海拔 2796 m；视角海拔 38250 m

5. 后续工作计划

为了保障监测项目长期稳定运行，在加拉村建立灾害监测预警基地，首先需要完成监测预警基地的征地工作。通过合作共建监测预警基地，实现该资料匮乏区冰崩灾害、冰川、水文、气象等的综合观测与研究。

5.2.2 监测预警体系阶段性进展

考虑色东普沟近期可能再次发生冰崩堵江事件，第二次青藏科考队在姚檀栋院士的部署下，分别于 2019 年 1 月、8 月和 11 月三次进入堵江点，开展监测预警体系的前期勘测、卫星信号调试及监测塔架设等工作（图 5.6）。

目前，色东普沟加拉村冰崩堵江灾害监测预警体系一期科考工程已顺利完成，布设了自动气象观测、堵江口定时定位影像监测、堵江口夜间热红外影像监测、堵江口视频监测、冰川坍塌区定时定位影像监测和堵江口上游水文监测等相对完善的灾害链监测系统（图 5.7），已在冰崩堵江现场架设了 10 m 观测塔（图 5.8），并建立了卫星无线传输系统，实现监测影像和数据实时传输。

1. 气象观测

在冰崩灾害点区域周边架设 4 套气象站，其中两套位于堵江口（10 m 塔气象站及简易气象站），两套位于加拉村附近。监测区域风速、风向、温度、湿度和四分量辐射，

(a)　(b)

(c)

图 5.6　科考队员前期勘测（a）、卫星信号调试（b）及监测塔架设（c）
其间中国科学院青藏高原研究所环境变化研究中心党支部、大数据中心党支部和加拉村党支部在堵江口开展联合主题教育活动

数据每 10 min 记录一次，其中堵江口的气象数据分别在每天的 8:00、16:00、24:00 通过卫星无线传输自动传输到数据监测中心，加拉村气象站通过移动信号传输，方便及时了解冰崩灾害点的气象变化，为进一步了解冰崩堵江灾害链提供基础气象数据（图 5.9）。

2. 堵江口影像定时定位监测

在堵江口 10 m 塔上架设了普通高清相机和热红外摄像头拍摄夜间灾害点的变化状况。普通高清相机分两路（色东普沟方向和堵江方向）进行定时拍照片，高清摄像头拍摄的堵江口影像于每天的 8:00、10:00、11:00、13:00、15:00、16:00、18:00、19:00 通过卫星无线传输系统传送到数据监测中心（图 5.10 和图 5.11），热红外摄像头拍摄的夜间影像于每天的 2:15、5:15、20:15、23:15 通过卫星无线传输系统自动上传至数据监测中心（图 5.12），从而可以及时了解冰川区的物质运移状况及堵江情况。

3. 堵江口和冰川沟谷内视频监测

在堵江灾害点 10 m 塔上架设了两路海康高清视频监测设备，拍摄堵江口和冰川沟

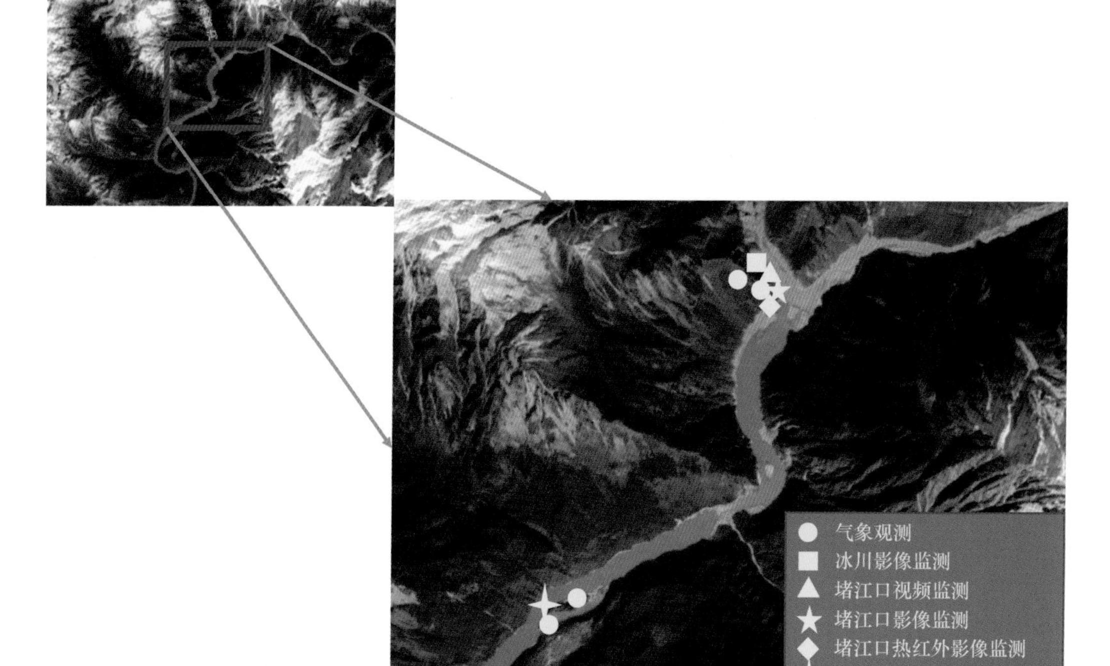

图 5.7　色东普沟加拉村冰崩堵江灾害链监测系统

图 5.8　色东普沟加拉村冰崩堵江现场架设的 10 m 高观测塔（搭载气象设备、定时拍照相机、视频监控、热红外相机、卫星传输等）

(a) (b) (c)

图 5.9　堵江点高处气象站 (a)、加拉村气象站 (b) 和江边气象站 (c)

图 5.10　高清摄像头拍摄的堵江口白天影像（2019 年 11 月 10 日 11:00 影像）

图 5.11　高清摄像头拍摄冰川崩塌区影像（2019 年 11 月 10 日 10:00 影像）

图 5.12　热红外摄像头拍摄的堵江口夜间影像（2019 年 11 月 10 日 5:14 影像）

谷内的白天动态视频，受到无线传输的限制，目前无法实现数据的实时传输，暂时保存在硬盘之中，影像资料可以保存 3 个月，从而可以在灾害发生后回溯灾害发生过程。

4. 水文监测

在原有 2019 年 9 月架设的压力式自计式水位计的基础上（图 5.13)，2019 年 10 月在加拉大桥上增设雷达水位自动监测设备 1 套（图 5.14)，每 10min 记录一次江水相对水位及变化幅度，通过移动无线传输系统实时上传至数据监测中心，以及时了解堵江口上游区域水位的实时动态变化，同时，2019 年科考队利用多普勒走航式流速仪不定期开展雅江流量和水底地形观测，为灾害预警提供直接数据研判（图 5.13)。

图 5.13　加拉村大桥布设的水位监测点和多普勒走航式流速仪测量的雅江加拉村大桥水文断面

图 5.14　雅江冰崩堵江灾害点布设的雷达水位自动监测系统

5.3　预警平台与初步预警功能

5.3.1　数据集成与图形化

2019 年 11 月 10 号第二次青藏科考队结束雅江野外仪器布设后，立即着手开展数据平台建设等工作，现阶段已经初步完成了雅江冰崩堵江监测数据的集成与图形可视化等工作，所有的图像与数据均集成于第二次青藏高原综合科学考察研究云平台（拉萨超级观测站），网址 http://holo-earth.cn:9022/platform.html（界面见图 5.15）。

图 5.15　第二次青藏高原综合科学考察研究云平台界面

该平台可以实现气象、雨量、影像、视频和水位等的数据集成与可视化功能，对堵江点定时拍照（堵江口及冰川沟谷内）及堵江口热红外数据的收集及整体展示功能，提供江面及色东普沟内状况（图 5.16）。此外，平台还自动收集其他仪器监测数据，如可以实现对气象及雅江水位等所有数据的监测图像显示功能，从而直观地判断堵江发生后水位的发生幅度及气象背景等（图 5.16）。

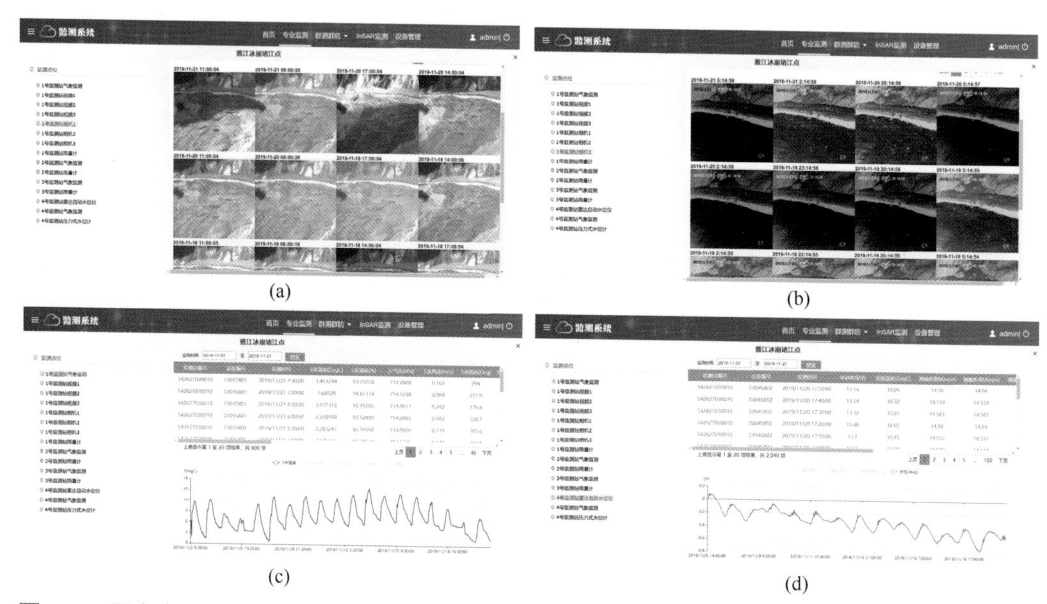

图 5.16　平台直观显示堵江口照片 (a)、堵江口夜间热红外照片 (b)、堵江点气象数据 (c)、加拉村水位 (d) 实时变化数据与图形

5.3.2　监测预警初步功能

2019 年 9 月 11 日下午距加拉村 3 km 下游勒白沟发生一小型泥石流，其间科考队员王忠彦高工正好经过此处，拍摄到了泥石流汇入雅江的视频（图 5.17）。该小型泥石流导致碎屑物质进入雅江，使得该处河道部分变窄。当天晚上，科考队员发现布设在加拉村大桥的压力式水位计记录到水位在晚 20:00 左右出现约 4 h 的快速上涨，江面上涨幅度达到 0.6 m 左右（图 5.17），正好对应此处泥石流碎屑物质部分堵江事件。由此可见，水位变化可以较好地反映堵江发生与幅度。

此外，在 2019 年 10 月 29 日科考队员进行堵江点监测塔建设过程中，上午 11:20 左右色东普沟内加拉白垒峰发生中等规模的冰崩塌事件，持续时间 5 ～ 7 min，科考队员利用摄像机记录了该次事件（图 5.18）。冰崩事件导致大量的冰雪物质从高处汇集到沟谷内，在巨大势能的作用下，冰雪物质从高处坠落破碎并在沟谷内形成大量的白色雾气。但没有造成沟谷内第四纪冰碛物质的下泄。科考队员工作到 17:00 左右返回 1 号营地，此时沟谷内仍没有冰雪物质出现。第二天 10 月 30 日上午科考队员返回工作点时，

图 5.17　泥石流碎屑物质汇入雅江视频截图及水位计记录的雅江水位快速上涨

图 5.18　2019 年 10 月 29 日上午 11:20 左右的冰崩照片 (a) 与 2019 年 10 月 30 日冰崩引发的冰碛流抵达沟口的照片 (b)

发现色东普沟谷内有大量的新鲜碎屑物，规模相对于 2018 年 10 月堵江事件要小得多，碎屑物停留在距沟口约 500 m 处。

这一方面说明在 10 ～ 12 月，季风结束，天气晴朗，太阳辐射增强，可能导致高海拔地区冰雪不稳定性增强，容易形成冰崩事件，该时段是灾害发生的高频窗口期；另一方面冰崩的规模决定了色东普沟堵江事件的规模。我们监测到的这次冰崩规模较小，特别是冰川固体物质较少，因此仅形成较小规模的冰雪融水型冰碛流。而冰崩发生与冰碛流发生存在明显消融滞后期，根据初步判断有 7 ～ 10 h 以上的消融滞后时间。由此可见，利用沟谷内和堵江内照片及后期高频的雷达资料，可以较好地提供灾害发生预警，从而保证下游水利和居民生产生活安全。

参考文献

白玲, 李国辉, 宋博文. 2017. 2017年西藏米林6.9级地震震源参数及其构造意义. 地球物理学报, 60: 4956-4963.
陈虹举, 杨建平, 谭春萍. 2017. 中国冰川变化对气候变化的响应程度研究. 冰川冻土, 39(1): 16-23.
董汉文, 许志琴, 曹汇, 等. 2018. 东喜马拉雅构造结东、西边界断裂对比及其构造演化过程. 地球科学, 43(4): 933-951.
杜国梁. 2017. 喜马拉雅东构造结地区滑坡发育特征及危险性评价. 北京: 中国地质科学院博士学位论文.
国务院人口普查办公室，国家统计局人口和就业统计司. 2012. 中国2010年人口普查分县资料. 北京: 中国统计出版社.
韩佳东, 杨建思, 王伟平. 2019. 2017年西藏米林M_S6.9地震余震序列重定位和b值时空分布特征. 地震学报, 41(2): 169-180, 277.
胡文涛, 姚檀栋, 余武生, 等. 2018. 高亚洲地区冰崩灾害的研究进展. 冰川冻土, 40(6): 1141-1152.
李保昆, 刁桂苓, 徐锡伟, 等. 2015. 1950年西藏察隅M8.6强震序列震源参数复核. 地球物理学报, 58(11): 4254-4265.
李保昆, 刁桂苓, 邹立晔, 等. 2014. 1947年西藏朗县东南M7.7大地震震源参数复核. 地震地磁观测与研究, 35(Z1): 85-91.
李渤生, 李路. 2015. 南迦巴瓦: 中国最完整的森林垂直带谱. 森林与人类, 2: 34-35.
李德基, 游勇. 1992. 西藏波密米堆冰湖溃决浅议. 山地研究, (4): 219-224.
刘传正. 2018. 雅鲁藏布江色东普沟崩滑-碎屑流堵江堰塞湖. 中国地质灾害与防治学报, 29(6): 7.
刘传正, 吕杰堂, 童立强, 等. 2019. 雅鲁藏布江色东普沟崩滑-碎屑流堵江灾害初步研究. 中国地质, 46(2): 219-234.
刘凯, 王宁练, 百晓华. 2017. 1993～2015 年喀喇昆仑山努布拉流域冰川变化遥感监测. 冰川冻土, 39(4): 710-719.
刘宇平, Montgomery D R, Hallet B, 等. 2006. 西藏东南雅鲁藏布大峡谷入口处第四纪多次冰川阻江事件. 第四纪研究, 26(1): 52-62.
秦大河. 2014. 冰冻圈科学词典. 北京: 气象出版社.
沈永平, 苏宏超, 王国亚, 等. 2013. 新疆冰川、积雪对气候变化的响应(Ⅱ): 灾害效应. 冰川冻土, 35(6): 1355-1370.
童立强, 涂杰楠, 裴丽鑫, 等. 2018. 雅鲁藏布江加拉白垒峰色东普流域频繁发生碎屑流事件初步探讨. 工程地质学报, 26(6): 1552-1561.
王林, 田勤俭, 李文巧, 等. 2019. 2017年西藏米林M_S6.9地震发震构造初探. 地球物理学报, 62(7): 2549-2566.
王卫民, 何建坤, 郝金来, 等. 2017. 2017年11月18日西藏林芝6.5级地震震源破裂过程反演初步结果. http://www.itpcas.cas.cn/new_kycg/new_kyjz/202007/t20200718_5637215.html.
王欣, 刘琼欢, 蒋亮虹, 等. 2015. 基于SAR 影像的喜马拉雅山珠穆朗玛峰地区冰川运动速度特征及其影响因素分析. 冰川冻土, 37(3): 570-579.
西藏自治区地方志办公室. 2018. 西藏年鉴2017. 拉萨: 西藏人民出版社.
辛晓冬, 姚檀栋, 叶庆华, 等. 2009. 1980—2005年藏东南然乌湖流域冰川湖泊变化研究. 冰川冻土, 31(1): 19-26.
徐新良, 张亚庆. 2017. 中国气象背景数据集. 中国科学院资源环境科学数据中心数据注册与出版系统. http://www.resdc.cn/DOI. DOI: 10.12078/2017121301.
杨康, 刘巧. 2016. 冰川表面水文过程研究综述. 冰川冻土, 38(6): 1666-1678.
杨逸畴. 1997. 神奇的雅鲁藏布江大峡谷. 郑州: 海燕出版社.

杨逸畴, 高登义, 杜泽泉. 1993. 南迦巴瓦峰登山综合科学考察. 北京: 科学出版社.
杨逸畴, 高登义, 李渤生. 1987. 雅鲁藏布江下游河谷水汽通道初探. 中国科学(B辑), 8: 893-902.
姚檀栋, 陈发虎, 崔鹏, 等. 2017. 从青藏高原到第三极和泛第三极. 中国科学院院刊, 32(9): 924-931.
姚檀栋, 刘晓东, 王宁练. 2000. 青藏高原地区的气候变化幅度问题. 科学通报, (1): 98-106.
姚檀栋, 秦大河, 徐柏青, 等. 2006. 冰芯记录的过去1000a青藏高原温度变化. 气候变化研究进展, (3): 99-103.
姚檀栋, 张寅生, 蒲键辰, 等. 2010. 青藏高原唐古拉山口冰川、水文和气候学观测20 a: 意义与贡献. 冰川冻土, 32(6): 1152-1161.
尹凤玲, 韩立波, 蒋长胜, 等. 2018. 2017年米林6.9级地震与1950年察隅8.6级地震的关系及两次地震对周边活动断层的影响. 地球物理学报, 61(8): 3185-3197.
张文敬. 1983. 南迦巴瓦峰的跃动冰川. 冰川冻土, 4: 75-76.
张文敬. 1985. 南迦巴瓦峰跃动冰川的某些特征.山地研究, (4): 234-238.
张文敬, 谢自楚. 1981. 西藏南部某些冰川近年来的变化及若干新资料. 冰川冻土, (4): 61-64, 122.
张震, 刘时银, 魏俊峰, 等. 2016. 新疆帕米尔跃动冰川遥感监测研究. 冰川冻土, 38(1): 11-20.
中国科学院青藏高原综合科学考察队. 1983. 青藏高原科学考察丛书: 西藏地貌. 北京: 科学出版社.
中国科学院青藏高原综合科学考察队. 1984. 青藏高原科学考察丛书: 西藏河流与湖泊. 北京: 科学出版社.
Bartelt P, Buser O, Valero C V, et al. 2016. Configurational energy and the formation of mixed flowing / powder snow and ice avalanches. Annals of Glaciology, 57(71): 179-188.
Bolch T, Kulkarni A, Kääb A, et al. 2012. The state and fate of Himalayan glaciers. Science, 336(6079): 310-314.
Brun F, Berthier E, Wagnon P, et al. 2017. A spatially resolved estimate of high mountain Asia glacier mass balances from 2000 to 2016. Nature Geoscience, 10(9): 668-673.
Chernomorets S, Tutubalina O, Seinova I, et al. 2007. Glacier and debris flow disasters around Mt. Kazbek, Russia/Georgia // Debris-Flow Hazards Mitigation: Mechanics, Prediction, and Assessment. Netherlands: MillPress.
Ding L, Zhong D, Yin A, et al. 2001. Cenozoic structural and metamorphic evolution of the eastern Himalayan syntaxis(Namche Barwa). Earth and Planetary Science Letters, 192(3): 423-438.
Evans S, Clague J. 1994. Recent climatic change and catastrophic geomorphic processes in mountain environments. Geomorphology, 10(1-4): 107-128.
Gao J, Yao T D, Masson-Delmotte V, et al. 2019. Collapsing glaciers threaten Asia's water supplies. Nature, 565(7737): 19-21.
Huggel C. 2004. Assessment of Glacial Hazards Based on Remote Sensing and GIS Modeling. Zurich, Switzerland: Geographisches Institut der Universitat Zurich.
Huggel C, Caplan-Auerbach J, Wessels R. 2008. Recent extreme avalanches: Triggered by climate change? Eos, Transactions American Geophysical Union, 89(47): 469-470.
Huggel C, Zgraggen-Oswald S, Haeberli W, et al. 2005. The 2002 rock /ice avalanche at Kolka /Karmadon, Russian Caucasus: Assessment of extraordinary avalanche formation and mobility, and application of QuickBird satellite imagery. Natural Hazards and Earth System Science, 5(2): 173-187.
Hutter K, Wang Y, Pudasaini S. 2005. The Savage Hutter avalanche model: How far can it be pushed? Philosophical Transactions of the Royal Society of London A: Mathematical, Physical and Engineering Sciences, 363(1832): 1507-1528.

IPCC. 2013. Climate Change 2013: The Physical Science Basis. Cambridge: Cambridge University Press.

Ji Z M, Kang S C. 2013. Double-nested dynamical downscaling experiments over the Tibetan Plateau and their projection of climate change under two RCP scenarios. Journal of the Atmospheric Sciences, 70(4): 1278-1290.

Kääb A. 2002. Monitoring high-mountain terrain deformation from repeated air-and spaceborne optical data: examples using digital aerial imagery and ASTER data. ISPRS Journal of Photogrammetry and Remote Sensing, 57(1): 39-52.

Kääb A. 2008. Remote sensing of permafrost-related problems and hazards. Permafrost and Periglacial Processes, 19(2): 107-136.

Kääb A, Leinss S, Gilbert A, et al. 2018. Massive collapse of two glaciers in western Tibet in 2016 after surge-like instability. Science Letter, 11(2): 114-120.

Kääb A, Treichler D, Nuth C, et al. 2015. Brief communication: contending estimates of 2003—2008 glacier mass balance over the Pamir–Karakoram–Himalaya. The Cryosphere, 9(2): 557-564.

Kääb A, Wessels R, Haeberli W, et al. 2003. Rapid ASTER imaging facilitates timely assessment of glacier hazards and disasters. Eos Transactions American Geophysical Union, 84(13): 117-121.

Kang S, Xu Y, You Q, et al, 2010. Review of climate and cryospheric change in the Tibetan Plateau. Environmental Research Letters, 5(1): 015101.

Korup O, Montgomery D R. 2008. Tibetan plateau river incision inhibited by glacial stabilization of the Tsangpo gorge. Nature, 455(7214): 786-789.

Kotlyakov V M, Rototaeva O V, Nosenko G A. 2004. The September 2002 Kolka glacier catastrophe in North Ossetia, Russian Federation: Evidence and analysis. Mountain Research and Development, 24(1): 78 - 83.

Lang K A, Huntington K W, Montgomery D R. 2013. Erosion of the Tsangpo Gorge by megafloods, Eastern Himalaya. Geology, 41(9): 1003-1006.

Mergili M, Fischer J, Krenn J, et al. 2017. R. avaflow v1, an advanced open-source computational framework for the propagation and interaction of two-phase mass flows. Geoscientific Model Development, 10(2): 553-569.

Montgomery D R, Hallet B, Liu Y, et al. 2004. Evidence for Holocene megafloods down the Tsangpo River gorge, southeastern Tibet. Quaternary Research, 62(2): 201-207.

Pudasaini S P, Miller S A. 2013. The hypermobility of huge landslides and avalanches. Engineering Geology, 157: 124-132.

Schmidt J L, Zeitler P K, Pazzaglia F J, et al. 2015. Knickpoint evolution on the Yarlung river: Evidence for late Cenozoic uplift of the southeastern Tibetan Plateau margin. Earth and Planetary Science Letters, 430: 448-457.

Shroder J, Haeberli W, Whiteman C. 2015. Snow and Ice-related Hazards, Risks and Disasters. Amsterdam: Elsevier.

Su F, Duan X, Chen D, et al. 2013. Evaluation of the Global Climate Models in the CMIP5 over the Tibetan Plateau. Journal of Climate, 26(10): 3187-3208.

van der Woerd J, Owen L, Tapponnier P, et al. 2004. Giant M8 earthquake-triggered ice avalanches in the eastern Kunlun Shan, northern Tibet: Characteristics, nature and dynamics. Geological Society of America Bulletin, 116(3/4): 394-406.

Wang P, Scherler D, Liu Z J, et al. 2014. Tectonic control of Yarlung Tsangpo Gorge revealed by a buried canyon in Southern Tibet. Science, 346(6212): 978-981.

Yao T, Thompson L, Yang W, et al. 2012a. Different glacier status with atmospheric circulations in Tibetan Plateau and surroundings. Nature Climate Change, 2(9): 663-667.

Yao T, Thompson L, Mosbrugger V, et al. 2012b. Third pole environment(TPE). Environmental Development, 3: 52-64.

Yao T, Xue Y, Chen D, et al. 2019. Recent third pole's rapid warming accompanies cryospheric melt and water cycle intensification and interactions between monsoon and environment: Multidisciplinary approach with observations, modeling, and analysis. Bulletin of the American Meteorological Society, 100(3): 423-444.

附　录

附录1 主要考察队员名单

主要考察队员名单如附表1所示。

附表1 第二次青藏科考雅江堵江应急科考队人员名单

姓名	单位	职称
姚檀栋	中国科学院青藏高原研究所	院士
安宝晟	中国科学院青藏高原研究所	正高工
邬光剑	中国科学院青藏高原研究所	研究员
李新	中国科学院青藏高原研究所	研究员
白玲	中国科学院青藏高原研究所	研究员
张凡	中国科学院青藏高原研究所	研究员
王磊	中国科学院青藏高原研究所	研究员
刘景时	中国科学院青藏高原研究所	研究员
朱海峰	中国科学院青藏高原研究所	研究员
王伟财	中国科学院青藏高原研究所	研究员
姚治君	中国科学院地理科学与资源研究所	研究员
王传胜	中国科学院地理科学与资源研究所	研究员
赵志军	南京师范大学	教授
余斌	成都理工大学	教授
陈华勇	中国科学院·水利部成都山地灾害与环境研究所	研究员
谢洪	中国科学院·水利部成都山地灾害与环境研究所	研究员
傅旭东	清华大学	教授
杨威	中国科学院青藏高原研究所	研究员
高杨	中国科学院青藏高原研究所	副研究员
陈莹莹	中国科学院青藏高原研究所	副研究员
郭松峰	中国科学院地质与地球物理研究所	副研究员
安晨歌	清华大学	副教授
曾辰	中国科学院青藏高原研究所	助理研究员
周璟	中国科学院青藏高原研究所	助理研究员
刘瑞顺	中国科学院青藏高原研究所	助理研究员
王忠彦	中国科学院青藏高原研究所	高工
李久乐	中国科学院青藏高原研究所	高工
王传飞	中国科学院青藏高原研究所	博士后
郭燕红	中国科学院青藏高原研究所	博士后
刘笑寒	中国科学院广州电子技术研究所	高工
燕妮	中国科学院青藏高原研究所	助理研究员
李国辉	中国科学院青藏高原研究所	博士后
李佳	中南大学	博士后
胡文涛	中国科学院青藏高原研究所	博士研究生
江勇	中国科学院青藏高原研究所	博士研究生
赵艳楠	中国科学院地理科学与资源研究所	博士研究生
钟小阳	中国科学院青藏高原研究所	硕士研究生
刘文浩	中国科学院青藏高原研究所	硕士研究生
雷鹏嗣	中国科学院青藏高原研究所	硕士研究生
李萌	中国科学院地理科学与资源研究所	硕士研究生
郑超刚	南京师范大学	硕士研究生

附录 2　科考日志

2018 年 10 月 17 日凌晨 5 点，雅江所在林芝市米林县派镇加拉村附近河谷发生冰崩堵江事件（附图 1）。

附图 1　冰崩堵江灾害现场俯瞰图

接到西藏自治区的消息以后，第二次青藏科考队队长姚檀栋院士在第一时间组织召开专题会，紧急部署雅江冰崩堵江应急科考任务，成立由中国科学院青藏高原研究所、兰州大学、中国科学院地理科学与资源研究所、中国科学院·水利部成都山地灾害与环境研究所、中国科学院遥感与数字地球研究所、清华大学、成都理工大学、南京师范大学等单位冰川、地质、水文、遥感等方面专家参与的雅江冰崩堵江应急科考队，对冰崩堵江开展科学考察。

通过现场考察，应急科考队确定了堵江形成堰塞湖灾害的原因，即源头冰川发生冰崩，冰崩体带着冰碛物顺沟而下阻断雅江造成堵江灾害。科考队认为，在气候暖湿化背景下，此类冰崩灾害还将持续甚至加强。因此，建议加强雅江灾害预警预防治理工程体系建设，加强野外自动化监测预警体系建设，提高灾害防控能力。

自2018年10月18日起，第二次青藏科考队组织优势力量，分别于2018年10～11月、2019年1月、2019年4月、2019年8～9月、2019年10～11月先后7次赴堵江现场开展实地科考，对本次灾害发生的过程和原因、自然环境和历史背景、未来风险进行了综合评估；同西藏自治区、西藏军区和应急管理部等有关部门领导，共同进行现场实地考察和专题讨论；基于前期考察研究结果，将加拉村堵江段作为示范点，利用全天候监控技术、气象监测、水位监测等多种手段，对沟内和堵江点进行不同角度的实时视频监测、定时拍照、气象监测和雅江水位定时监测，实现数据从远端无人区的实时中继传输、数据存储与可视化功能，对冰崩灾害链和河流固态物质搬运进行实时监测，及时预警，建成一个高山峡谷区的灾害预警示范基地。

01

考察主题：查明堵江原因

考察时间：2018年10～11月

2018年10月18～19日

18日上午姚檀栋院士召开紧急会议，组建应急科考队，18日下午应急科考队员从北京出发，19日到达林芝。

2018年10月20日

上午，应急科考队员通过遥感、影像数据分析，初步判断此次事件是由加拉白垒峰冰川冰崩导致的堵江灾害。

下午，姚檀栋院士带领应急科考队前往灾害现场进行实地考察（附图2），并在灾害现场向西藏自治区政府齐扎拉主席汇报了此次冰崩堵江发生的原因（附图3）。同时指出，在气候暖湿化背景下，此类冰崩灾害还将持续甚至加强，建议加强野外自动化

附图2 姚檀栋院士在冰崩堵江现场考察

附图 3　姚檀栋院士向西藏自治区政府齐扎拉主席汇报雅江堵江灾害发生原因

监测预警体系建设，提高灾害防控能力。

2018 年 10 月 21 日

上午，姚檀栋院士带领队员搭乘军队直升机对堵江灾害点和加拉白垒峰冰川进行了勘察，确认此次灾害是由冰崩引起的。

下午，姚檀栋院士向西藏自治区政府汇报了灾害事件发生原因的最新证据（附图 4），为堵江灾害防治提供了科学依据。

附图 4　姚檀栋院士向西藏自治区政府常委罗布顿珠介绍雅江冰崩堵江灾害过程

2018 年 10 月 20 ～ 28 日

根据应急科考队调查结果，选择监测点加强灾害发生区域气象、水文观测，在墨脱中心架设自动气象站，在德兴大桥、帕隆藏布支流安装雷达水位计，监测雅江径流数据。

2018 年 10 月 29 日～ 11 月 2 日

该地再次发生冰崩堵江事件。应急科考队加强对雅江下游水文站点水位、径流量、流速等水文数据监测。

2018 年 11 月 3 日

科考队员（附图 5）在雅江冰崩堵江考察现场合影。

附图 5　科考队员合影

02

考察主题：加拉村灾害点居民搬迁评估

考察时间：2018 年 10 月

2018 年 10 月 24 日

应西藏自治区政府委托，科考队承担加拉村灾害点居民搬迁评估工作。中国科学院青藏高原研究所安宝晟副所长一行 7 人由北京前往林芝。24 日晚，科考队就评估工作的要点进行了细致的讨论，并部署下一步调研工作。

2018 年 10 月 25 ～ 26 日

科考队员按计划从林芝前往达林大桥，察看受灾现场（附图 6 ～附图 8），听取当地工作人员介绍，询问受灾群众的生活情况，走访了米林县相关职能部门。通过实地察看、入户调查、座谈等方式收集数据，评估了拟迁村庄的搬迁条件，为撰写雅江大拐弯冰崩堵江事件科学评估报告奠定基础。

2018 年 10 月 27 ～ 28 日

科考队员陆续返回北京。

附图 6　被洪水冲毁的达林大桥

03

考察主题：确定冰崩堵江灾害监测预警平台建设地点

考察时间：2019 年 1 月

2019 年 1 月 18 ～ 19 日

中国科学院青藏高原研究所白玲研究员、杨威研究员等一行 17 人由北京前往林芝，对中国科学院藏东南高山环境综合观测研究站等地震台站进行升级改造（附图 9 和附图 10），完成数据无线传输，实地考察堵江点及沟谷内地形地貌情况。

附图 7　加拉村临时安置点

附图 8　调研加拉村雅江堰塞湖应急抢险救灾前线指挥部

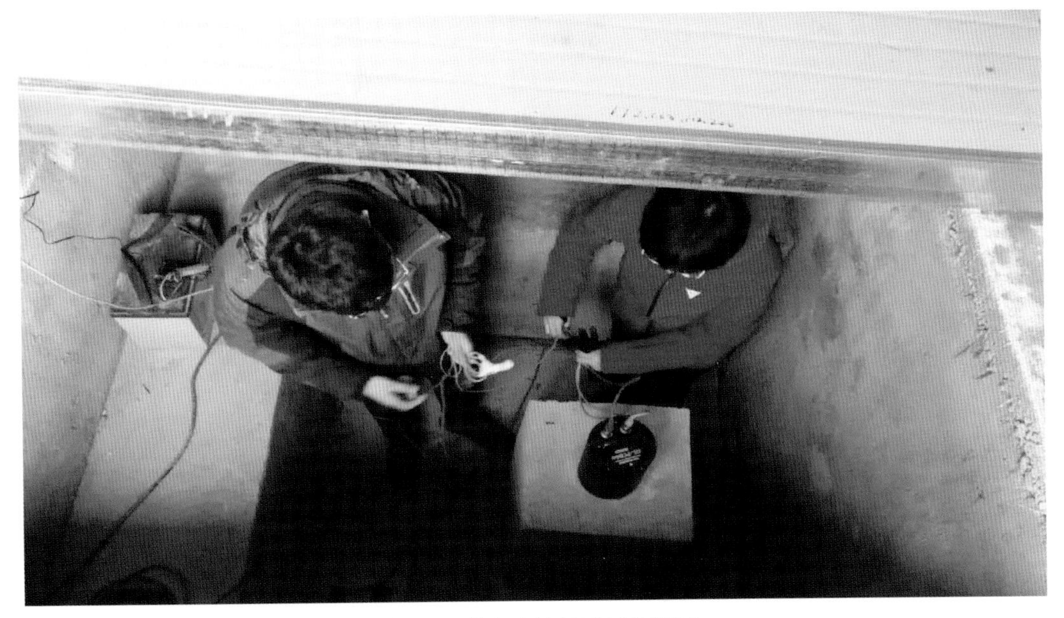

附图 9　藏东南站地震仪器调试

附图 10　加拉村地震台站仪器调试

2019 年 1 月 20 ～ 21 日

前往大峡谷下游冰崩堵江点附近的直白村和派镇娘龙村，升级改造地震远程观测系统，收集数据，为研究冰崩灾害和监测预警体系建设提供数据资料。然后前往冰崩堵江点，勘查道路及沿途通信设施的损坏情况，并考察冰崩堵江灾害监测预警平台架设地点。

2019 年 1 月 22 ～ 25 日

实地考察堵江点及沟谷内地形地貌情况（附图 11），确定了冰崩堵江灾害点的监测和数据传输方案，并进行了可行性论证。

2019 年 1 月 26 ～ 27 日

科考队员返回北京。

附图 11　科考队员前往冰崩堵江现场

04

考察主题：加拉村灾害监测预警基地选址

考察时间：2019 年 4 月

2019 年 4 月 1 ～ 3 日

中国科学院青藏高原研究所安宝晟副所长等一行 5 名科考队员前往加拉村堵江事件灾害区考察（附图 12），对冰崩灾害观测预警基地建设进行选址，确定 100 亩河谷二阶台地作为建设用地。

附图 12　加拉村现场考察

05

考察主题：冰崩灾害预警平台仪器现场调试

考察时间：2019 年 8 月

2019 年 8 月 16 ～ 17 日

科考队员王忠彦一行到达拉萨，办理进入国家自然保护区工作的准入手续，与西藏自治区自然资源厅、林芝市科学技术局就冰崩堵江灾害监测讨论相关合作事宜。

2019 年 8 月 18 日

为了确保仪器在物流过程没有受到损坏，当即在林芝市区进行海事卫星和天通卫星数据传输调试（附图 13），比较两种卫星数据传输的性能。

2019 年 8 月 19 日

上午驱车前往加拉村，杨威带领工程师再次进行卫星数据传输调试，仪器临时出现故障，紧急派人返回林芝市购买相关配件。

王忠彦联系村主任，确定背夫数量，明确进山物资，制定第二天进山计划。

2019 年 8 月 20 日

科考队员历时 7h，翻越深山茂林，安全到达宿营地进行休整。

2019 年 8 月 21 日

科考队员组织背夫背负电池、卫星接收器和摄像头等仪器，经过 2 h 到达色东普沟监测点，开始进行天通卫星和海事卫星数据传输测试（附图 14 和附图 15），结果显示海事卫星影像数据传输性能优于天通卫星。

附图 13　科考队员在调试仪器

附图 14　科考队员在冰崩堵江现场安装调试视频监测系统

附图 15　科考队员在冰崩堵江现场调试监测设备

2019 年 8 月 22 日

继续测试海事卫星接收器照片传输效果，结果显示数据丢失率低于 10%，能实现实时显示堵江口地形地貌变化监测。科考队员临时决定现场用木棍搭建简易监测平台，安装摄像头和卫星远端终端，进行 24 h 影像传输。

2019 年 8 月 23 日

制定影像数据传输方案，确定每天传输的时间频率。然后由宿营地下山返回加拉村。下午到达加拉村后和曾辰一行会合，讨论雅江水位仪架设方案，并完成雅江测流工作，得出当时的雅江下游流量为 $3000m^3/s$。

2019 年 8 月 24 日

架设水位仪（附图 16）并返回林芝。

附图 16　科考队员在冰崩堵江现场安装水文监测仪器

06

考察主题：初步建成雅江冰崩堵江灾害监测预警平台

考察时间：2019 年 10 月

2019 年 10 月 6 日　高原反应

飞机 11:40 准时抵达拉萨，可能是年纪越来越大的缘故，以前很不屑的高原反应症状，近期一次比一次严重。

2019 年 10 月 7 ～ 14 日　等待仪器

由于仪器公司选择铁路运输，仪器比预定时间延迟 8 天。在等待的日子心里十分不踏实，因为以前没有带队翻山越岭把几吨的物资人工搬运到深山老林中的经验，难度极大。心里一直害怕如果在搬运过程中出了安全事故该怎么办。

2019 年 10 月 15 日　整装出发

终于接收到货物，并和杨威、姬凯龙会面，一起租车出发去林芝。在和他们愉快相处的时候，暂时忘记这次任务的艰巨，一路说笑间便到达林芝。晚上吃完饭在和杨威讨论这次任务安排的事情时，表情又严肃起来了，大家都不知道这次任务会做成什么样子，也不知道将要面临什么样的困难。

2019 年 10 月 16 日　整理清点仪器

这两天主要任务就是清点从全国各地不同厂家发送到林芝的货物，避免货物在托运过程中缺失。像这种繁杂仪器系统在托运过程中，一般都会出现丢三落四现象。在清点过程中不出预料地少了一件气象站无线发射配件，及时打电话通知仪器公司，快递补发到林芝。

2019 年 10 月 17 日　抓阄分配任务

在采购完一些进山必需的生活物资和工作工具之后，委托加拉村村民驾驶一辆小型货运车运输物资进村。由于道路被去年冰崩堵江灾害损毁严重，稍微大一点的货车根本无法通行，致使司机和搬运工连夜跑了 4 趟才完成所有工作。

然后进行物资搬运进山的方案和分配，统一由村委会统筹安排，最终采取抓阄的方式完成搬运任务的分配。

2019 年 10 月 18 日　物资进山

按照我们和村委会签订的合同，他们必须在 8 天之内完成仪器设备等物资的二次搬运任务。一大早天还没有亮，便听见物资存放场地人声鼎沸。男人们忙着捆绑各自的物资，女人们便为各自的男人准备进山食物，大家都十分欢快，斗志昂扬。

2019 年 10 月 19～21 日　人困马乏

刚开始有的村民背负 2 块重达 70 kg 的蓄电池（附图 17）进山，就是在平原地区，这也是极其艰难的任务。俗话说“路远无轻物”，况且他们每天要行进 20 多千米的陡峭的悬崖山路（附图 18 和附图 19）。经过几天搬运，劳累的村民们再也没有刚开始的兴奋劲儿了。每个人都像斗败了的公鸡，蔫头耷脑的。最后，每个男人都把自己的老婆、孩子也发动起来背东西，虽然他们背负的物资轻，但总归会多少减轻他们的负担。看到他们劳累的样子，心里多少也有点儿感慨，每个人的生活都不容易啊！

2019 年 10 月 22 日　架设自动气象站

趁着村民进行二次搬运，我们 4 个人计划开始在加拉村村边的江岸上架设气象站，开始自己背负水泥、砂石和水，前往附近靠近江岸的小山头仪器架设点。我们每人仅搬运 2 趟水泥、砂石和水，就已经累得瘫在地上了。下午吃完饭去架设气象站支架的时候，突降大雨，四人连跑带躲，还是被淋成落汤鸡。

2019 年 10 月 23 日　进山工作

由于物资搬运任务实行“承包到户”的政策，大大提高了他们的积极性，比预计时间提前 3 天完成二次搬运任务。我们计划今天进山工作，早上 9:30 村民才陆续赶到物资存放场地，又开始用抓阄的方式分配背负物资。由于他们前期的劳累，这次进山的速度竟然还没有我们快。再加上近几日阴雨连绵，道路泥泞湿滑，直到 17:00 我们才到达 1 号营地。稍做休整后开始做饭，吃完饭后，天空又开始下起雨来，生怕耽误明天的工作。

2019 年 10 月 24 日　还是下雨

早上醒来之后，雨一直下，一夜未停，估计今天的工作计划要泡汤了。终于在下午一点钟雨停了，我们草草地吃了两口东西，便前往仪器架设地点，按照计划开始平整场地。

2019 年 10 月 25 日　初战告捷

今天没有下雨，心里窃喜。早上 8:00 天刚刚亮，我们便起床准备早餐，吃完饭后，

附图 17　搬运物资的加拉村村民

附图 18　陡峭山坡上背运砂石的加拉村村民

附图 19　陡峭山坡上背运物资的加拉村村民

8:40 开始出发前往仪器架设点的 2 号营地。平时一个多小时的路程，这次用了 45 min 便到达目的地。我和工程师确定好塔架位置之后，大家开始先挖地基直至基岩，不到 2 h 便已经完成。然后用冲击钻开始在基岩上打孔，由于电钻使用不熟练，耗时近 2 h 才完成塔基所有钻孔工作。在 18:00 之前便完成塔基混凝土注浇前的所有工作，圆满完成任务。

2019 年 10 月 26 日　挑战极限

今天主要的工作是从江心位置寻找不含泥土的砂石，并搬运至山上的塔基位置。为了挑战我的极限，主动提出和他们一起背负砂石，他们每人口袋里装了 30 ～ 40 kg，我的装了大概 20 kg。从山脚下到工作地点，直线距离不足 100 m，但高度近 300 m，我们一直在很陡峭的山坡上挪动，手脚并用，心里十分害怕脚上一松劲儿，便会跌落悬崖，幸亏山坡上长满了一簇簇不知名的野草，用手抓住才得以向上攀登，中途休息了十几次，在距离工作地点还有二十几米的地方，达瓦村主任前来接应我，帮我把沙袋背上去。

2019 年 10 月 27 日

上午安排大家做混凝土浇筑塔基工作，我们尽量不浪费好不容易搬运进来的 5 袋水泥和 1 袋速凝剂，精打细算地使用每一粒沙石，那真是用汗水换来的。水泥浇筑工作进展顺利（附图 20 和附图 21），目测可以达到 50 年工程质量标准。干完活之后便是等 3 d 时间，直到混凝土完全凝固。

2019 年 10 月 29 日 架设监测塔

今天天气晴好，是个好兆头，果不其然我们到达工作场地之后，大家齐心协力，就把 10 m 塔架直立起来，没有想象中那么困难，又浇筑了 30 cm 混凝土覆盖在塔架周围，固定好 6 根拉丝（附图 22），第一阶段基础建设工作就算大功告成了，接下来便是杨威负责的技术调试工作。

2019 年 10 月 30 日～ 11 月 5 日

数据传输调试。

附图 20　为浇筑塔基准备混凝土

附图 21　为塔基浇筑混凝土

07

考察主题：冰山远客来，江上数峰清——灾害监测预警平台验收

考察时间：2019 年 11 月

2018 年雅江大拐弯先后发生两次冰崩堵江灾害。第二次青藏科考队队长姚檀栋院士领衔成立应急科考队，我作为应急科考队一员，有幸参与了有关工作。我们在工作中联合全国多部门参与实施、通过多学科交叉野外科考、融合多要素地空观测资料，深刻理解了冰崩堵江灾害链事件的过程机理与影响和应对。时隔一年，再次在拉萨讨论服务地方工作后，马不停蹄来到雅江大拐弯考察现场，感慨良多。

2019 年 11 月 6 日

22:00，夜宿雅江江畔，海拔 2800 m。为进入加拉白垒—南迦巴瓦姊妹峰区域科考做准备。在雅鲁藏布大峡谷入口大渡卡村，与前期开展冰崩灾害野外工作的科考队员会合，讨论实地考察计划，大家兴致勃勃，在高原展望未来。6 日当晚，曾为雅江冰崩堵江临时应急指挥部的江边宾馆，全部客人都是科考队员一行。我们很幸运，在进入冰崩堵江灾害现场之前入住此地。据悉 3 日后此店将闭店歇业，来年再开放！

附图 22　监测塔架设中

2019 年 11 月 7 日

5:30 起床，6:00 前往加拉白垒山脚下的加拉村，历时 1h30min 车程，进入因冰崩灾害导致的断路、断电与世隔绝的村落，与驻村科考队员会合。村里可以直接看到加拉白垒主峰，极目远眺，星空下的冰川熠熠生辉，身披银甲的加拉白垒大将军静候冰山外远道而来的客人！我们的到来惊动了留守村落看护牛羊的本地人，他们早起为大家准备行前的早餐，刚烙好的酸奶发酵面饼成为高山之行前储备能量的最佳美食。

7:30，队伍集结，决定当天在1号营地短暂停留后，直接到2号营地（加拉白垒峰冰川与冰崩堵江监测点），并当日往返。此前尚未如此实战，加拉村的藏族小伙心里嘀咕起科考队员的实力，担心大家不能顺利完成任务。作为“三铁”队员，定下来的事情大家坚决执行，在全程高海拔、高负荷、高能量的开山辟路中，全体队员以饱满精神和钢铁意志超额完成了任务，体现了特别行动队的超强战斗力。

8:00，先头部队一行6人（包括4名铁杆科考队员，1名灾害信息系统专家，1名专业数据工程师），开始向雅江冰崩灾害现场进发，保障部队由3名“90后”的藏族小伙组成，作为专业的高山背夫确保了此次考察给养供给。沿途经过了曾被洪水淹没的加拉村跨江斜拉索简易铁桥，此桥经历了洪峰的考验，留下的痕迹是挂在桥上的枯树和桥两侧冲毁的路基。在上游10余千米处，宽阔的钢混跨江大桥已被堵江回水击溃，向上游倒伏。沿江和桥面分别布设了压力式水位计和雷达水位计，记录了下游近期一次小型支流的堵江事件。科考队以3人为基本单元，整编分组快速前进，既确保了行军安全，同时也保障了高效稳速前进，即便如此，山高路远、丛林荆棘，大部分道路仅容一脚通行（附图23和附图24），既考验体力，也考验眼力，就连多次深入腹地的年轻老队员也多次摔倒，好在及时化险为夷，拍拍身上的泥土，欣然重新上路。

11:00，科考队一行穿越了原始森林地带，一鼓作气，早于计划时间抵达1号营地。在24h全景天窗（竹子＋塑料布搭建）的半露天营地中稍做休息。短暂补给能量后向2号营地发起冲锋，并于中午12:00顺利抵达科考目的地。很难想象，赤手空拳攀爬一路尚如登天之难，在“一半是冰川、一半是雅江”的绿水青山之间，硬是扛起了一座10 m的高塔并装备了全要素的标准监测网络平台。鉴于目前数据传输困难，数据工程师手动成功下载了冰川和堵江河流的监测视频，其他图片和小流量数据实现卫星自动传输。有的科考队员讲起这个季节的2号营地，说是凡在这里住过的人都多少被当地的蜱虫招呼过，并建议今后来的同志最好提前注射疫苗，确保野外健康安全。

13:00，在2号营地工作1 h，简单野餐会议后集体返回。深深体会到了“上山容易，下山难”这句话的内涵。尽管藏族小伙帮助制作了一根纯天然竹质拐杖，无奈膝盖老伤复发，硬着头皮下山，下山花费的时间竟然比上山多出半个小时。

17:30，一瘸一拐地回到出发地加拉村。至此，突击行动队成功完成了单日野外徒步往返、海拔落差近800 m、行程约23 km的冰崩灾害监测科考。晚上得悉同行者有同志脚上起了很多水泡，而他只是借了些许酒精消毒，次日清晨起来又变得生龙活虎。始终心怀敬畏之心，以正能量心态完成超极限任务，团结奋斗、不畏艰辛、勇攀高峰，这也许就是青藏精神的真实体现！

2019年11月8日

加拉村返回林芝。

2019年11月9日

林芝返回北京。

附图 23　科考队合影

附图 24　科考队员行进途中

结　　语

在前期所有队员共同努力工作的基础上，加拉村灾害监测预警基地一期科考工程顺利完成。历时 20 余天，单靠人背肩扛，硬是在天堑之上运送了数吨的建设物资和科研设备，在冰山之下、雅江之畔竖起了 10 m 高塔，用实际行动深刻阐释了勇攀高峰的青藏精神，我们为此欢欣鼓舞！截至 2019 年 11 月，已布设自动气象站 4 处、雨量自动监测点 4 处、雷达水位计自动测量仪 1 套、24 h 视频监测仪 2 套、定时定位监测相机 2 套、卫星传输设备 1 套，并成功实现实时监测。所谓“冰”山远客来，“江”上数峰清，也许就是“冰”崩堵“江”灾害监测预警的最佳开始，远客不远、江上峰清，向为此付出智慧和汗水的所有同志们致以最崇高的敬意！为参与到这项服务区域可持续发展的工作深感责任重大，为能够全过程参与现场考察、科学评估、监测预警体系建设深感光荣，为有一支特别能战斗、特别能吃苦、常年奋战在高原一线、勇攀高峰的队员们深感自豪。向所有付出智慧和汗水的建设者致敬！